物理実験のための
アナログ回路入門

理学博士　谷口　　敬
Ph. D.　笹尾　　登【共著】
博士（理学）森井　政宏

コロナ社

まえがき

出版の経緯について　本書はアナログ電子回路の入門的解説を目的としており，特にトランジスタ増幅器の動作原理，アナログ信号処理の考え方，ノイズ理論等を中心に紹介を行う。特徴としては

- 大学初年次程度の数学および物理の知識を前提とするが，半導体や電磁気学の高度な知識は不要である。
- トランジスタ等は，簡単な実験結果に基づく観測事実から出発し理解する。
- 多数の回路設計例を示すことで，実用的に使用可能な回路の設計能力を身につけることを目標にしている。

などが挙げられよう。また，本書は著者の一人である谷口敬（1952〜2011）が著した電子回路セミナー用テキストに基づくものである。このテキストに対し，笹尾登と森井政宏が入門的解説と必要な追加修正を加えた。

現在はディジタル回路全盛の時代といわれる。これを反映してか，残念なことにアナログ回路を専門とする研究者や技術者は減少しつつあるように見受けられる。しかし考えてみるまでもなく，検出器からの1次情報を処理するのはアナログ回路である。したがって，検出器からの情報を正確に引き出すことができるか否かはアナログ回路の性能に依存し，その重要性が失われることはない。加えて，アナログ回路の技術も日進月歩である。本書がその面白さを伝え，興味をもっていただける人々を増やすことができるならば，筆者全員にとって望外の幸せである。

謝辞と献辞　本書の多くは，高エネルギー加速器研究機構・素粒子原子核研究所および測定器開発室のサポートにより開催されたセミナーに基づくものです。セミナー開催に対して東京大学大規模集積システム設計教育センター（VDEC）をはじめ多くの大学や研究所に協力をしていただきました。この場を借りて感謝いたします。また支援していただいたエレクトロニクスグループのメンバー，有限会社ジー・エヌ・ディー，林栄精器株式会社，富士ダイヤモンドインターナショナル有限会社の方々に感謝いたします。本書を通じ一人でも多くのアナ

ログ回路を開発する人が増えてくれれば本当にありがたいことです。そういう人たちとネットワークを作り，情報交換などをできれば幸いと考えています。(谷口)

谷口敬氏と私は数多くの実験をともにした仲間である。彼は無類のハードウェア好きであり，自宅も自力で建設する位の能力と情熱の持ち主であった。特にアナログ回路では右に出る人のいない第一人者であった。私が岡山大学に異動した後，彼にも岡山に来てもらったが，誠に残念なことに若くして逝去された。しかし，残された膨大な回路図や試行錯誤の記録が如実に物語るように，さまざまな業者（特に有限会社ジー・エヌ・ディーの宮澤正和氏や富士ダイヤモンドインターナショナル有限会社の武田利光氏など）の支援も得て，多数の回路を世に送り出し，素粒子，原子核を中心とする実験物理学の進展に貢献した。「出版の経緯について」でも触れたが，日本の物理実験分野を見渡す限り，アナログ回路の研究者は減少していると感じられる。そこで，こうした状況を少しでも改善する一石になればと考え本書を上梓することとした。これが谷口氏に対する感謝の意を表す最上の方法であると信ずる。(笹尾)

本書で紹介する実用回路の大半は谷口敬氏の長年に渡る開発・研究から産まれたものです。笹尾・谷口両氏の関わった実験に大学院生として参加した私は「実験に必要な装置はすべて一から設計し，性能を測定して最適化する」という彼らのアプローチに半ば辟易しながらも多大な影響を受けました。実験物理学が実践科学である以上，本で学んだ知識は自分で取ったデータから得られる経験にはけっして及びません。本書を読まれる方には谷口流を踏襲し，ぜひ回路を実際に組み立ててその挙動を確認していただきたいと思います。特に6章で紹介する波形整形回路やベースライン再生回路はその出力波形を見て初めて理解できる性質のものです。自分の手で作った回路が設計どおりに働いたとき，あなたにも谷口氏の天才の一端が垣間見えるでしょう。(森井)

最後になるが，表紙デザインについては岐土幸さんにお世話になった。また一部の回路図作成は水魚堂ソフトウエアを利用した。あわせて謝意を表したい。

2022年1月

著者一同

目　　　　次

1章　アナログ回路の基礎事項

2章　トランジスタの動作とその特性

3章　トランジスタを組み合わせた基礎回路

4章　オペアンプと帰還回路

5章　検出器用プリアンプ

6章　回路設計の具体例

7章　アンプの周辺回路と実装技術

付録 A　ラプラス変換とその応用

付録 B　半導体の視点から見たトランジスタ動作原理

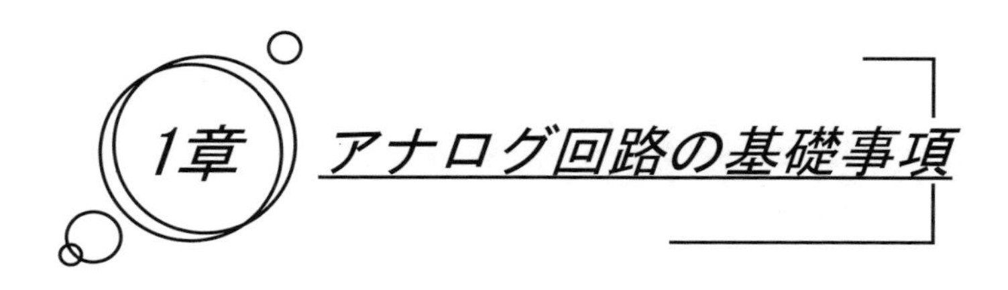

1章 アナログ回路の基礎事項

本章では，電子回路と検出器に関する簡単な導入の後，抵抗などの基本的な受動素子とオームおよびキルヒホッフの法則について復習する。その後，電子回路を理解するうえで必要不可欠な数学的道具，すなわち複素インピーダンスと伝達関数の理論を説明する。前者の複素インピーダンスは，抵抗の概念を交流回路にも適用できるように拡張したものである。これを導入することにより，電子回路を解析する際に計算が簡素化され，見通しがよくなる。また後者の伝達関数は，特定の周波数をもつ正弦波や余弦波が入力されたときに，注目する回路がどのような出力を生み出すかを記述する関数である。この関数が求まれば，任意波形の入力信号に対する出力信号を予言することが（原理的には）可能となる。なお，回路を分析する数学的道具にはラプラス変換と呼ばれる手法も存在する。この手法は回路の応答関数を求める際，特に初期条件が与えられた問題に対して威力を発揮するが，これについては付録 A を参照されたい。

1.1 電子回路と検出器

1.1.1 アナログ回路とディジタル回路

電子回路は大別するとアナログ回路とディジタル回路に分類することができる。アナログ回路は連続的に変化する電気量（電流や電圧など）を操作する回路である。これに対し，ディジタル回路は 2 値（0 と 1，あるいは ON と OFF）に分類された信号を取り扱う。計算機では，再現性に優れておりかつ貯蔵伝達が容易なディジタル信号がもっぱら用いられる。

本書で議論される電子回路はアナログ回路である。さまざまな検出器（センサ）から出力される信号はアナログ量であるので，それらの計測には必然的にアナログ回路が必要とされる。また，検出器から出力される信号は微弱であることが多く，検出器の情報を正しく読み取るという観点からは，信号を増幅したり整形したりするアナログ回路こそがその性能を左右するといえる。

1.1.2 検出器について

自然現象を理解し制御するには，その状態や状態の変化を感知する必要がある。**検出器**（detector）は，こうした状態やその変化を科学的な原理に基づいて，人間が扱いやすい信号に置き換える装置であり，**センサ**（sensor）とも呼ばれる。いくつかの例を挙げよう。フォトダイオードや光電子増倍管などの光センサは，主として可視光（紫外および赤外も一部含む）を電気信号に変換する検出器である。金属ひずみゲージや半導体圧力センサなどは，物質の機械的変形に伴う電気抵抗の変化を測定し，ひずみや圧力に換算するセンサである。同様にサーミスタや測温抵抗体は，物質に付随する電気抵抗が温度に依存することを利用して抵抗を計測することにより，温度を推定する素子である。高エネルギー物理学実験や原子核実験で使用される放射線検出器は，さまざまな放射線を光あるいは電流に変換することで，放射線の量や位置を検出できる。

これらの検出器の大部分はわずかな電流あるいは電流の変化を検出する装置であり，電流出力が非常に短い時間幅で生ずるもの（パルス出力）も多い。さらに近年，検出器に付随する回路（読み出し回路）に対し，速い読み出しや高い分解能が要求されるようになってきた。後に詳しく説明するが，信号をできるだけ高い分解能で読み出すには，入力電荷をできるだけ多く増幅器（**アンプ**，amplifier）に集めて増幅し，かつ雑音（ノイズ）を極力減らす必要がある。よって，信号を含む周波数帯域を狭め，外来ノイズは当然のことながら，増幅する素子の発生するノイズまでも極力小さくなるよう増幅器とその周辺回路を設計しなければならない。そのためには，当然のことながら増幅素子の発生するノイズの性質やアンプの性能をよく理解する必要がある。加えて，高速読み出しを実現するためには，信号の時間幅が増幅器の入力インピーダンスと検出器容量によって決まるため，必要に応じて波形を整形することが求められる。

こうして得られた信号は，さらに利用しやすくするためディジタル化され[†]，最終的には計算機等の処理システムに送られる。検出器から計算機までの信号処理の流れを**図 1.1** に模式的に表した。図中の破線枠の部分でアナログ回路が用いられる。本書では主としてパルス出力の検出器を念頭に，高性能アナログ回路設計に必要な理論を順次説明していく。

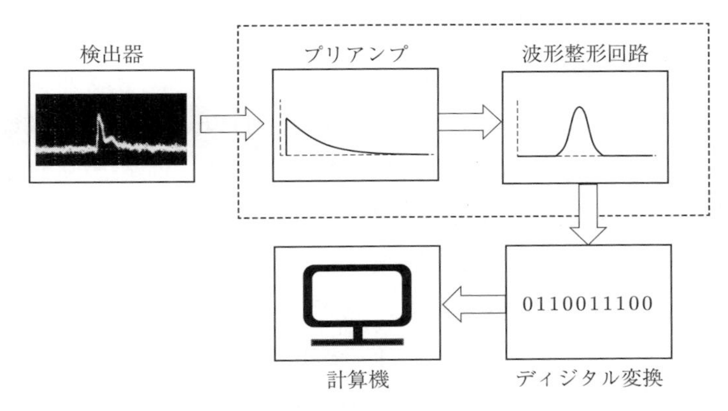

図 1.1　検出器から計算機までの信号処理の流れ

1.2　オームの法則とキルヒホッフの法則

1.2.1　オームの法則と抵抗

抵抗器を流れる電流 I は，加えた電圧 V に比例し，$I = \dfrac{V}{R}$ の関係を示す。この関係はオームの法則と呼ばれる。比例係数の電気抵抗 R は「電流の流れやすさ」を表す指標とみなすことができる。また，電流の単位をアンペア（A），電圧の単位をボルト（V）としたとき，抵抗の単位はオーム（Ω）である。**図 1.2** (a) に抵抗の回路記号を示した。

† ディジタル化される量は，必要に応じて，信号の波形・時間積分値・ピーク値・事象時間などさまざまである。

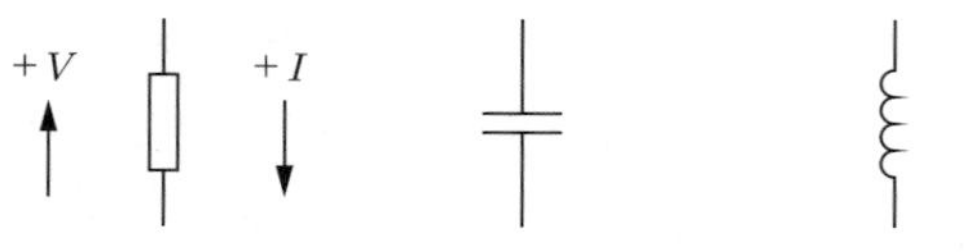

（a） 抵　抗　　（b） キャパシタ　（c） インダクタ
抵抗に対して示された矢印は電流（I）と電圧（V）の正の定義方向を表す（ほかの素子も同様）。

図 1.2　抵抗，キャパシタ，インダクタの回路記号

1.2.2　キャパシタとインダクタ

つぎに**キャパシタ**（capacitor，コンデンサ）と呼ばれる回路素子を考えよう。この素子は「電荷を蓄積する」ことのできる素子である。回路記号を図 1.2（b）に示す。蓄積される電荷量 Q と端子間に現れる電圧 V の間には比例関係があり，$Q = CV$ の関係を示す。比例係数の C は，個々のキャパシタがもつ固有の性質であり，容量（キャパシタンス）と呼ばれる。また，Q の単位をクーロンとしたとき，C の単位はファラド（F）と呼ばれる。さて，$t = 0$ でキャパシタ（C）に蓄積されている電荷量は $Q = 0$ であり，そこに電流 $I(t)$ が流れ込むとしよう。この場合時刻 t における蓄積電荷量は $Q(t) = \int_0^t I(t')dt'$ と表される。これより

$$\frac{dQ(t)}{dt} = I(t) = C\frac{dV(t)}{dt} \tag{1.1}$$

が成り立つ。これは今後重要となる関係式である。

最後に**インダクタ**（inductor）を考察する。キャパシタが電気エネルギーを蓄積するのに対し，インダクタは磁気エネルギーを蓄積する素子である。回路記号（図 1.2（c））が示唆するようにコイルでできており，コイルに電流が流れると電流に比例した磁場が生まれる。コイルに流れる電流 I が時間変化するときに，起電力 V が生じることが知られており，この関係は

$$V = L\frac{dI}{dt} \tag{1.2}$$

で与えられる。比例係数の L はインダクタンスと呼ばれる定数で，その単位

はヘンリー（H）である[†]。抵抗・キャパシタ・インダクタの基本式を**表 1.1** にまとめた。また**図 1.3** には本書で用いられるそのほかの回路記号を挙げた。

表 1.1 抵抗・キャパシタ・インダクタの基本式
（複素インピーダンスに関しては 1.3.2 項参照）

素子の名前	記　号	基本式	単　位	複素インピーダンス
抵　抗	R	$V = I \times R$	Ω（オーム）	R
キャパシタ	C	$Q = C \times V$	F（ファラド）	$\dfrac{1}{j\omega C}$
インダクタ	L	$V = L\dfrac{dI}{dt}$	H（ヘンリー）	$j\omega L$

接地（GND）記号については，基準電圧を示す場合には①，筐体や大地に接続する場合には②や③が用いられる。本書では①～③を特に区別しないで用いる。

図 1.3 本書で用いられるそのほかの回路記号

1.2.3 キルヒホッフの法則

さまざまな素子を銅線で結合した回路（回路網）を考えるとき，つぎのような法則（キルヒホッフの法則）が成り立つ。

第 1 法則（電流則）：回路網上の任意の電流の分岐点において，電流の流入量の和と流出量の和は等しい。

第 2 法則（電圧則）：回路網上で任意の閉じた環状の電路をたどるとき，電路中の電源電圧の総和と電圧降下の総和は等しい。

---

† インダクタンス L は，コイルを貫く磁束 $\Phi = \int \vec{B} \cdot d\vec{S} = LI$ を電流 I で除した比例定数で定義される。ここで $\vec{B}$ は磁場を表す（コイルに流れる電流 I に比例）。この定義とファラデーの電磁誘導の法則（$\nabla \times \vec{E} = -\dfrac{\partial \vec{B}}{\partial t}$）を組み合わせると式（1.2）が導かれる。ここで $\vec{E}$ は磁場の時間変化により生ずる電場を表す。

どちらの法則もほぼ自明であるがあえてその根拠を述べると，前者は電荷は消えることなく保存すること，後者は電荷を仮想的に移動するとき元の位置に戻せば全仕事量は0となることに基づく。なお，これらの法則は時間的に変動する電流や電圧（交流回路）に対しても成立すると考えてよい[†]。

1.2.4　直列接続と並列接続

キルヒホッフの法則を応用して，さまざまな受動素子を直列あるいは並列接続した場合の公式を導出しておこう。まず二つの抵抗 R_1 と R_2 を直列に接続し（**図 1.4** (a) 左参照），その合成抵抗（等価な効能をもつ一つの抵抗）の値を求めたいとする。流れる電流を I とすれば，個々の抵抗による電圧降下は R_1I および R_2I で表される。キルヒホッフの電圧則を用いると，全体としての電圧降下は $R_1I+R_2I=(R_1+R_2)I$ となる。したがって合成抵抗は R_1+R_2 と表される。つぎに並列接続の場合を考えよう（図 (a) 右参照）。この場合 R_1 に流れる電流を I_1，R_2 に流れる電流を I_2 とすると，全体としては $I=I_1+I_2$ と与えられる（キルヒホッフの第 1 法則を用いた）。抵抗両端の電圧 V は $V=R_1I_1=R_2I_2$ で与えられるので，これより $I=\left(\dfrac{1}{R_1}+\dfrac{1}{R_2}\right)V$ が得られる。よって，合成抵抗（$R_1 /\!/ R_2$ と記す）は

$$R_1 /\!/ R_2 = \frac{R_1 \times R_2}{R_1 + R_2} \tag{1.3}$$

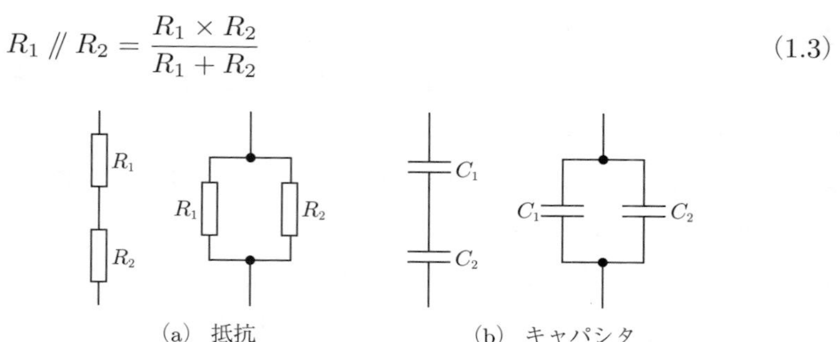

図 1.4　抵抗およびキャパシタの直列接続（左）と並列接続（右）

† 厳密には，取り扱う周波数（ν）に対応する波長（$\lambda=c/\nu$）が回路素子の典型的大きさ（ℓ）に比較して大きいこと（$\lambda \gg \ell$）が条件となる（c は光速）。この条件が満たされないと輻射の影響が無視できず，キルヒホッフの法則は成り立たない。本書ではつねにこの条件が成立していると仮定している。

と与えられる。

問 1. キャパシタ C_1 および C_2 を直列あるいは並列に接続した場合（図 1.4 (b) 参照），その合成容量はどのように表すことができるか？

1.2.5 エネルギーの貯蔵と散逸

よく知られているように抵抗に電流が流れると，抵抗は単位時間当り $W_R = \dfrac{V^2}{R} = RI^2$ のエネルギーを消費する。ここで I は抵抗に流れる電流，また V は抵抗にかかる電圧である。このエネルギーは熱（ジュール熱）となって散逸する。これに対し，理想的なキャパシタやインダクタはエネルギーを散逸することなく貯蔵できる素子であり，キャパシタの場合 $U_C = \dfrac{1}{2}CV^2$，またインダクタの場合 $U_L = \dfrac{1}{2}LI^2$ のエネルギーが蓄積される。ここで V あるいは I は，素子にかかる電圧あるいは流れる電流を表す。

問 2. **図 1.5** は，抵抗 R とインダクタ L がスイッチを介し電池 V に直列接続されている回路（RL 直列回路）を表す。$t = 0$ において，示されるスイッチを短絡した（左側の端子に接続）。$t > 0$ において回路に流れる電流 $I(t)$ を求めよ。また，最終的には電流は流れなくなるが，その間に抵抗で消費されるエネルギー U_R を求め，当初インダクタに蓄えられたエネルギーと比較せよ。

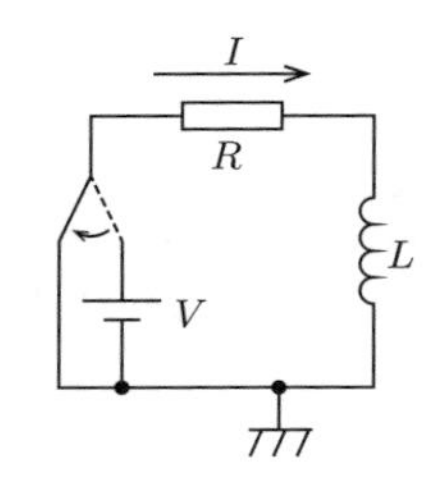

$t<0$ で電池 V に接続されていた回路を $t=0$ で短絡

図 1.5 RL 直列回路

コーヒーブレイク

アナログ回路をなかなか理解できないのは，信号の伝播が目に見えないことが大きな理由として挙げられるだろう。もし目に見える回路をイメージできれば，直感的な理解が可能になり，より自在な回路設計が可能となるだろう。電気回路の可視化モデルとして水回路と呼ばれるモデルが存在する。このコラムではその水回路を説明し，電気回路を理解する一助としたい。

図 1 は水回路における電源とスイッチを表している。スイッチは水道栓であり，電源は大きな容器に水を入れ，高い場所にもち上げた水タンクである。電圧は水面の高さで表される。そして**図 2** に示すように，水回路において抵抗は細いチューブに相当する。断面積が小さく，長いチューブは水の勢いを削ぎ，大きな抵抗を示す。また，すべての配管（配線）自体がいくばくかの抵抗をもっており，水流（電流）が巨大になるとそれが問題になる。抵抗は配管側面との摩擦に起因するが，これにより水のもつ運動エネルギーが失われ，摩擦熱として散逸するのである。ところで，水回路においてキャパシタやインダクタはどのような素子になるだろうか？　読者も一緒に考えてみられたい（正解は p.26 参照）。

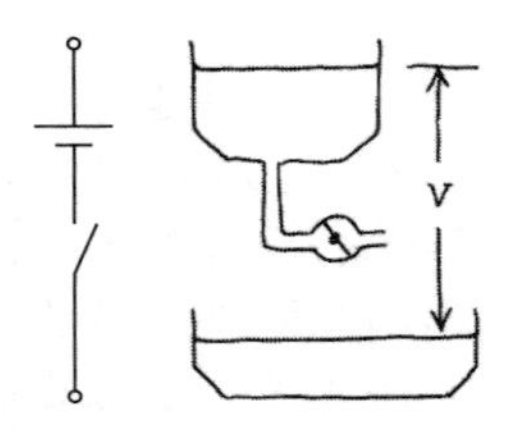

図 1　水回路における電源とスイッチ

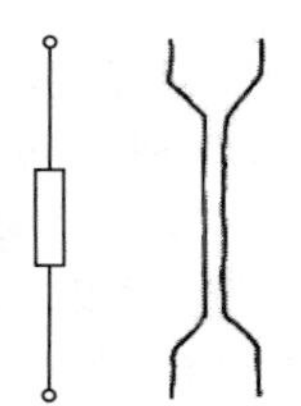

図 2　水回路における抵抗

（コーヒーブレイクで登場する水回路のイラストは，筆者の一人である谷口敬が本書の基となった電子回路セミナー用テキストのために作成したものをそのまま用いた）

1.3 電子回路理論における複素数と複素インピーダンス

電子回路で現れる現実の観測量はすべて実数であるが，にもかかわらず電子回路（あるいは物理一般）の理論において，複素数は不可欠の存在である。回路解析における複素数の導入は，簡便かつ見通しのよい強力な手段を提供する。以下では簡単な交流回路を例として取り上げ，複素表示を導入してその有用性を示す。続いて線型回路素子（R, L, C 等）に対し，複素インピーダンスと呼ばれる概念を定義し，それを用いた回路解析の例をいくつか示す。本節は回路解析の中でも，最も基礎となる理論を提示する重要な節である。

1.3.1 複素表示の導入とその有用性

図 1.6 はインダクタ L，キャパシタ C および抵抗 R が直列に接続され，これらが信号源 $V(t)$ に接続された回路（RLC 直列回路）である。この回路に流れる電流は，つぎのような手続きで求めることができる。回路に流れる電流量を $I(t)$ と記すと，抵抗およびインダクタでの電圧降下はおのおの $RI(t)$ および $L\dfrac{dI(t)}{dt}$ と表すことができる。キャパシタにかかる電圧を $V_C(t)$ と仮定すると，キルヒホッフの第 2 法則を用いて，等式

$$V(t) = RI(t) + L\frac{dI(t)}{dt} + V_C(t) \tag{1.4}$$

が成り立つことがわかる。上式を時間 t で微分し，$I(t) = C\dfrac{dV_C(t)}{dt}$ （式 (1.1)

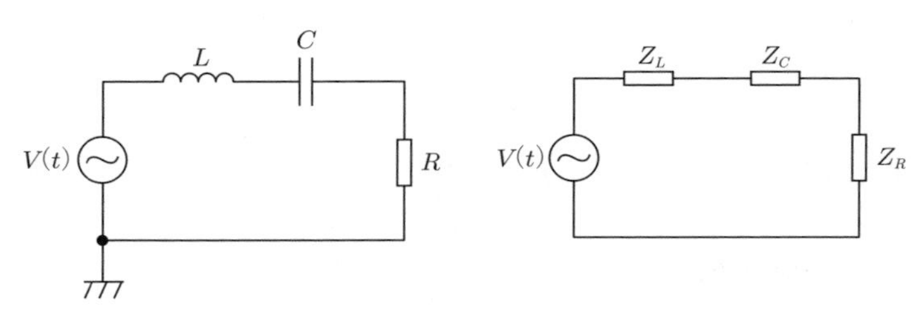

図 1.6 RLC 直列回路（左），およびその複素インピーダンス表示（右，p.14 参照）

参照）を代入すると，微分方程式

$$\frac{dV(t)}{dt} = R\frac{dI(t)}{dt} + L\frac{d^2I(t)}{dt^2} + \frac{1}{C}I(t) \tag{1.5}$$

が得られる。$V(t)$ が与えられれば，上記微分方程式を解くことにより $I(t)$ を求めることができる。

さて，信号源が $V(t) = V_0 \cos\omega t$ と与えられたと仮定しよう。ここで V_0 はある定数，ω は角周波数を表す[†1]。この場合，定常状態[†2]において流れる電流は複素数を導入することにより，簡単に求めることができる。かりに電圧を複素量と考えて[†3]

$$\widetilde{V}(t) = V_0 e^{j\omega t} \tag{1.6}$$

と与えられるとしよう。ここで $\widetilde{V}$ の上部に付された波線記号（チルダと呼ばれる）は，その量が複素量であることを表す。ただし，最終的には実数部（$\Re$ で表す）が意味を有する。また，電流についてもその時間依存性は $e^{j\omega t}$ で与えられると仮定する。したがって電流も複素量と考えて

$$\widetilde{I}(t) = \widetilde{I}_0 e^{j\omega t} \tag{1.7}$$

とすることができる。ここで $\widetilde{I}_0$ は t に依存しない複素数である。上式を微分することは簡単で

$$\frac{d\widetilde{I}(t)}{dt} = j\omega\ \widetilde{I}_0\ e^{j\omega t}, \quad \frac{d^2\widetilde{I}(t)}{dt^2} = (j\omega)^2\ \widetilde{I}_0\ e^{j\omega t} \tag{1.8}$$

と与えられる。これらを用いると式（1.5）は

$$j\omega\, V_0 e^{j\omega t} = j\omega\, R\widetilde{I}_0 e^{j\omega t} + (j\omega)^2\, L\widetilde{I}_0\ e^{j\omega t} + \frac{1}{C}\widetilde{I}_0 e^{j\omega t} \tag{1.9}$$

と変形することができる。両辺を $j\omega\ e^{j\omega t}$ で割って整理すると，$\widetilde{I}_0$ は

$$\widetilde{I}_0 = \frac{V_0}{Z_0}, \quad Z_0 \doteq R + j\omega L + \frac{1}{j\omega C} \tag{1.10}$$

---

†1　本書では前後関係から明白な場合，角周波数を単に周波数と呼ぶ。
†2　スイッチを入れるなどしたときに起きる過渡現象が収まった状態。
†3　本書においては複素数の単位を $j = \sqrt{-1}$ で表す。

と求まる。ここで新たに導入した Z_0 は抵抗の次元をもつ。また，Z_0 を極座標表示すると

$$Z_0 = |Z_0|\, e^{j\phi}, \quad |Z_0| = \sqrt{R^2 + \left(\omega L - \frac{1}{\omega C}\right)^2},$$
$$\tan\phi = \frac{\omega L - \dfrac{1}{\omega C}}{R} \tag{1.11}$$

と与えられる。なお，複素平面上における Z_0 の位置については，**図 1.7** を参照されたい。式 (1.10) を $\widetilde{I}_0 = \dfrac{V_0}{|Z_0|}e^{-j\phi}$ と書き直し，$\widetilde{I}(t) = \widetilde{I}_0 e^{j\omega t}$ の実部をとれば

$$I(t) = \frac{V_0}{|Z_0|}\cos(\omega t - \phi) = \frac{V_0 \cos(\omega t - \phi)}{\sqrt{R^2 + \left(\omega L - \dfrac{1}{\omega C}\right)^2}} \tag{1.12}$$

が得られる。これより，入力電圧の時間依存性 $\cos\omega t$ に対して出力電流の時間依存性は $\cos(\omega t - \phi)$ となることが理解できる。位相の「遅れ」（$\phi > 0$）あるいは「進み」（$\phi < 0$）を示す ϕ は Z_0 の偏角により定まる。また，出力電流の大きさ $\dfrac{V_0}{|Z_0|}$ は ω に依存し，周波数 $\omega_0 = \dfrac{1}{\sqrt{LC}}$ において最大となる。**図 1.8** には $\dfrac{R}{|Z_0|}$ を $\dfrac{\omega}{\omega_0}$ の関数としてプロットした。図中のパラメータ γ は

$$\gamma \equiv \frac{R}{2L}\,\frac{1}{\omega_0} = \frac{R}{2}\sqrt{\frac{C}{L}} \tag{1.13}$$

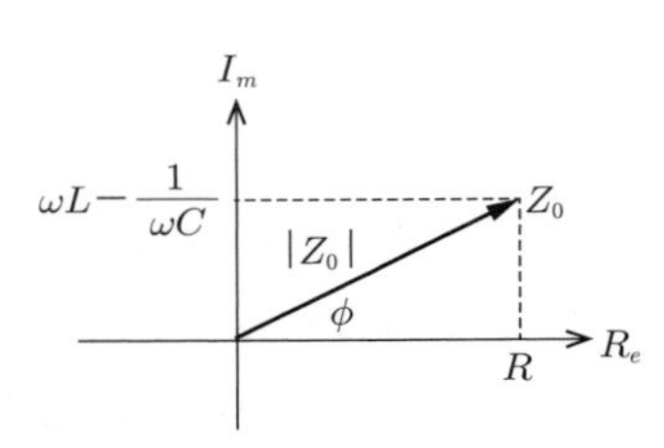

図 1.7 複素平面上における Z_0 の位置

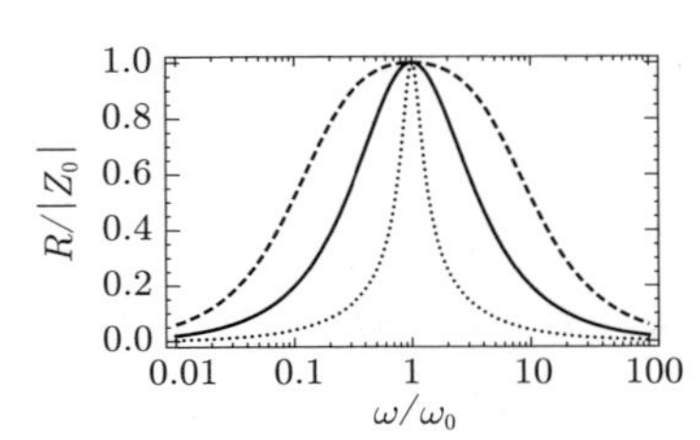

実線（$\gamma = 1$），点線（$\gamma = 1/5$），破線（$\gamma = 3$）

図 1.8 $\dfrac{R}{|Z_0|}$ のプロット（横軸 $\dfrac{\omega}{\omega_0}$）

と定義され，減衰係数と呼ばれる量である。図からもわかるように，減衰係数が小さいほど図 1.8 の曲線は鋭くなる。なおこの回路は，特定の周波数（ω_0）を選択するので，**共鳴回路**（resonance circuit，共振回路）と呼ばれる。

上記の例でわかるように，複素表示を使うと微分方程式は代数方程式に還元され，より簡単な計算で解を得ることができる。この程度の微分方程式ならば標準的なやりかたで解いても手間暇は変わらないと思うかもしれない。しかし，さらに複雑な回路では複素表示を使ったほうが圧倒的に簡単である。これについてはおいおい例示しよう。また上記の例では，入力はある特定の周波数をもつ余弦波で与えられると仮定とした。実際の入力信号はこのような単純な関数とは限らないが，よく知られているように任意の関数はさまざまな周波数をもった正弦波や余弦波の重ね合わせと考えられるので，周波数の関数として回路の応答を知ることができれば，任意の入力に対する応答も計算可能である。

ところで，複素数を用いて回路を解析した際に付随して現れる虚数部にはどんな意味があるのだろうか？　下記の問 3. からもわかるように，複素数の虚部は異なる初期位相に対する解を与えている。ただし，交流回路を解析するときに初期位相が問題になることはまれであり，本質的に同一の解を与えると考えて差し支えない。いずれにせよ，回路を理解するうえで複素数の導入は非常に強力な方法を提供する。

問 3. 式（1.6）において電源電圧が $V(t) = V_0 \sin \omega t$ と表されるとき，回路に流れる電流を求めよ。

問 4. $\dfrac{1}{\sqrt{LC}}$ の次元は ω の次元と一致することを確かめよ。

1.3.2　複素インピーダンス

複素数の導入で微分方程式の定常解は簡単に求まることがわかった。以下ではこの考え方をさらにおし進め，複素インピーダンスと呼ばれる量を定義しよう。この考え方を用いると，微分方程式を経ることなく，より直接的に回路を流れる電流や電圧を求めることが可能となる。

〔1〕複素インピーダンスの定義　ある回路素子に $\widetilde{I} = I_0 e^{j\omega t}$ と表される（複素）電流が流れているとき，その回路素子に対する電圧降下 $\widetilde{V}$ と $\widetilde{I}$ の比のことを素子の**複素インピーダンス**（complex impedance）と呼ぶ。式にして表すと複素インピーダンスは

$$Z = \frac{\widetilde{V}}{\widetilde{I}} \tag{1.14}$$

で定義される。上式はオームの法則の一般化であり，複素インピーダンスは交流回路における抵抗とみなすこともできる。なお，複素インピーダンスが定義できるのは線型素子（ R, L, C など）に限定される†。

〔2〕R, L, C の複素インピーダンス　まず最も簡単な抵抗 R から複素インピーダンスを求めよう。この場合 $\widetilde{V} = R\widetilde{I}$ となるので

$$Z_R = \frac{R\widetilde{I}}{\widetilde{I}} = R \tag{1.15}$$

である。すなわち，複素インピーダンスは抵抗値 R そのものである。

つぎにキャパシタ C を考えよう。この場合基礎となる方程式は $I = C\dfrac{dV}{dt}$（式（1.1）参照）である。この方程式の両辺は複素量であると考え，$e^{j\omega t}$ の時間依存性が存在すると仮定すると $\widetilde{I} = C\dfrac{d\widetilde{V}}{dt} = j\omega C\widetilde{V}$ となる。したがって

$$Z_C = \frac{1}{j\omega C} \tag{1.16}$$

となることが理解できる。上式を見ると $\omega \to 0$ で $|Z_C| \to \infty$ となるが，これはキャパシタが直流を通さない事実に対応する。

最後にインダクタ L を考えると，電圧降下は $\widetilde{V} = L\dfrac{d\widetilde{I}}{dt} = j\omega L\,\widetilde{I}$ なので

$$Z_L = j\omega L \tag{1.17}$$

となる。Z_L は $\omega \to \infty$ で $|Z_L| \to \infty$ となり，キャパシタとは反対に高い周波数成分（短い時間での電流変化）に対し，高い抵抗を示す。これらの結果を p.5

† 線型素子とは，流れる電流を 2 倍にしたとき，対応する電圧も 2 倍となるような回路素子のことをいう。R, L, C 以外に，理想的な増幅器や伝送線なども線型素子とみなすことができる。

の表 1.1 にまとめた。なお複素インピーダンスにおいて，その実数部は**レジスタンス**（resistance），虚数部は**リアクタンス**（reactance），またインピーダンスの逆数は**アドミタンス**（admittance）と呼ばれる。

〔3〕複素インピーダンスの直列接続と並列接続　　複素インピーダンス Z_1 と Z_2 をもつ二つの素子を直列（並列）接続した場合，その合成インピーダンスはどうなるであろうか？　複素数に拡張してもキルヒホッフの法則は成り立つので，通常の抵抗に対する公式と同様の合成則が成り立つ。すなわち合成インピーダンスを Z とすると

$$
\begin{aligned}
&\text{直列接続：}\quad Z = Z_1 + Z_2 \\
&\text{並列接続：}\quad Z = Z_1 \mathbin{/\!/} Z_2 = \frac{Z_1 \times Z_2}{Z_1 + Z_2}
\end{aligned}
\tag{1.18}
$$

などと表すことができる。

〔4〕複素インピーダンスの応用　　複素インピーダンスは交流回路を解析する際に威力を発揮する。この節ではいくつかの応用例を示す。最初の例はすでに考察した図 1.6 左の RLC 直列回路である。この場合，複素インピーダンスはすべて直列に接続されており，よって合成インピーダンスは $R + j\omega L + \dfrac{1}{j\omega C}$ となることがわかる（もちろん式（1.10）と一致する）。このように回路を流れる電流を求めるには，図 1.6 左の図を右のように書き直し，その図から合成インピーダンスを求めればよい。複素インピーダンスを用いれば，微分方程式を求めることも，またそれを解くことも不必要である。

例題 1.1　交流ブリッジ回路　　**図 1.9** は交流ブリッジ回路と呼ばれる回路である。ひし形 abcd の各辺には R, L, C やそれを組み合わせた素子が配置され，また bd 間には電流検知器 G が接続されている。さらに端子 ac 間には交流電源 $V(t) = V_0 \cos \omega t$ が印加される。ここで，R_1, R_3, R_4, L_3 が与えられているとき，R_2, C_2 を適当に調節すれば検流計 G には電流がまったく流れなくなるようにすることができる。この条件（ブリッジの平衡条件と呼ばれる）を求めよ。なお，R_3, L_3 が未知の場合でも，平衡条件

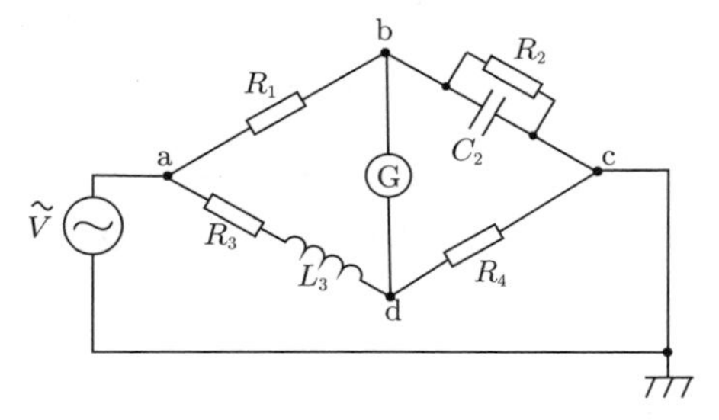

図 1.9　交流ブリッジ回路

を満たす R_2, C_2 を測定すれば R_3, L_3 が定まる。

【解答】　便宜的に辺 ab, bc, ad, cd の複素インピーダンスを Z_1, Z_2, Z_3, Z_4 と記す。平衡条件が成り立つとき，辺 abc には電流 $\widetilde{I}_b$ が，辺 adc には電流 $\widetilde{I}_d$ が流れていると仮定すると，$\widetilde{I}_b$ および電流 $\widetilde{I}_d$ は

$$\widetilde{I}_b = \frac{\widetilde{V}}{Z_1 + Z_2}, \quad \widetilde{I}_d = \frac{\widetilde{V}}{Z_3 + Z_4}$$

と与えられる。これを用いると b,d 点の電圧はおのおの $Z_2\widetilde{I}_b$ および $Z_4\widetilde{I}_d$ となるが，検流計 G に電流が流れない条件を満たすためには，これらは同一の電圧でなければならない。よって

$$\frac{Z_2}{Z_1 + Z_2} = \frac{Z_4}{Z_3 + Z_4} \quad \rightarrow \quad Z_1 Z_4 = Z_2 Z_3 \tag{1.19}$$

が平衡条件である。すなわちひし形対辺に置かれたインピーダンスの積が等しくなくてはならない。逆にこの条件が満たされれば，b, d 点の電圧は同一となり，検流計 G に電流は流れない。本問において各インピーダンスは

$$Z_1 = R_1, \quad \frac{1}{Z_2} = \frac{1}{R_2} + j\omega C_2, \quad Z_3 = R_3 + j\omega L_3, \quad Z_4 = R_4$$

と与えられる。これより

$$R_3 = \frac{R_1 R_4}{R_2}, \quad L_3 = C_2 R_1 R_4$$

と求まる。 

1.4　伝達関数とその応用

複雑な回路を解析する場合は，独立した機能や役割をもつ回路の集合に分割し

て考察するのが賢明である。このような際に役立つ優れた考え方の一つに**伝達関数**（transfer function）がある。この節ではまず伝達関数の考え方を説明し，続いて実際の解析で重要なさまざまなフィルタ回路の伝達関数を求め，フィルタ回路の性質を明らかにする。さらに共鳴回路に対し，***Q* 値**（quality factor）と呼ばれるパラメータを計算する。

1.4.1 伝達関数とは

まずは伝達関数の定義（**図 1.10** 参照）を示そう。図中の網掛けした部分は回路あるいは回路の一部を表す。この回路の入力端子に $\widetilde{V}_{in}$ で表される電圧が印加されたとき，出力端子には $\widetilde{V}_{out}$ が出力されるとしよう[†1]。伝達関数とは複素量 $\widetilde{V}_{in}$ と $\widetilde{V}_{out}$ の比のことを指す。すなわち伝達関数 $T(\omega)$ は

$$T(\omega) = \frac{\widetilde{V}_{out}(\omega)}{\widetilde{V}_{in}(\omega)} \tag{1.20}$$

と定義される。ここで，伝達関数は出力端に何も接続されていない状態で定義されていることに注意されたい[†2]。また，伝達関数の絶対値が 1 より大きいとき，一般に信号は増幅される。このことから伝達関数の絶対値はゲイン（利得）と称される[†3]。伝達関数がすべての周波数にわたって決定されると，どのよう

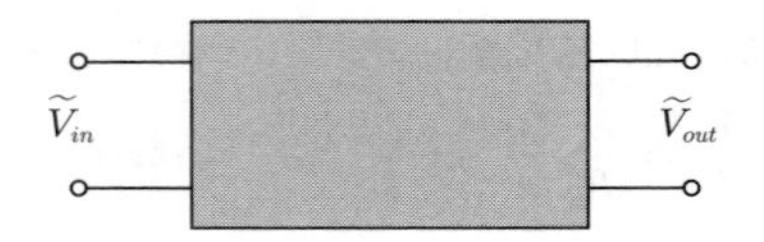

網掛けした部分は回路(あるいはその一部)を表す。$\widetilde{V}_{in}$ や $\widetilde{V}_{out}$ と名付けられた端子は，解析対象とする回路に応じて自由に選ぶことができる

図 1.10　伝達関数の定義

---

†1　当然のことながら実際に印加される電圧は $V_{in}(t) = \Re(\widetilde{V}_{in})$ であり，出力電圧は $V_{out}(t) = \Re(\widetilde{V}_{out})$ である。

†2　したがって，V_{out} を実測する場合はインピーダンスの大きい測定器を使用しなければならない。

†3　値が 1 より小さいときでも「ゲイン」と呼ばれる。

な入力信号に対しても出力を計算することができる。以下でいくつかの回路を解析することにより，伝達関数をより深く理解しよう。

1.4.2 伝達関数の応用

〔1〕低域通過フィルタ　図 **1.11** (a) は ***RC* 低域通過フィルタ** (low-pass filter) と呼ばれる回路である。この回路はときとして積分回路とも呼ばれるが，その理由は後述する。複素インピーダンスを用いてこの回路の伝達関数を考察しよう。入力電圧を $\widetilde{V}_{in}$，回路を流れる電流を $\widetilde{I}$ とすれば，$\widetilde{I}$ は全インピーダンス $Z = R + \dfrac{1}{j\omega C}$ を用いて $\widetilde{I} = \dfrac{\widetilde{V}_{in}}{Z}$ と表すことができる。一方，出力電圧 $\widetilde{V}_{out}$ はキャパシタ C にかかる電圧であり

$$\widetilde{V}_{out} = \frac{1}{j\omega C}\,\widetilde{I} = \frac{\widetilde{V}_{in}}{j\omega CZ} \tag{1.21}$$

となる。以上から

$$T(\omega) = \frac{\widetilde{V}_{out}(\omega)}{\widetilde{V}_{in}(\omega)} = \frac{1}{1 + j\omega CR} = \frac{1}{1 + j(\omega/\omega_c)}, \quad \omega_c \equiv \frac{1}{RC} \tag{1.22}$$

であることがわかる。一般に伝達関数も複素数であり，その偏角は位相の変化（進みや遅れ）を表す。これより，ゲイン G および偏角 ϕ は

$$G = |T(\omega)| = \frac{1}{\sqrt{1 + (\omega/\omega_c)^2}}, \quad \tan\phi = -\frac{\omega}{\omega_c} \tag{1.23}$$

と与えられる。上式を見ると，周波数が 0（すなわち直流）のとき $G = 1$ であり，周波数が無限大の極限で $G = 0$ となる。よって，低周波の信号ほどゲインが大きく，低域通過フィルタの名前はこの事実に由来する。ω_c は**遮断周波数**

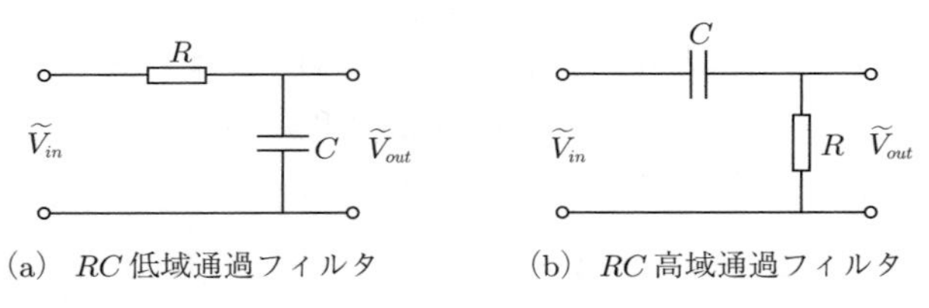

(a) *RC* 低域通過フィルタ　　(b) *RC* 高域通過フィルタ

図 **1.11** *RC* フィルタ

(cutoff frequency) と呼ばれるが，この周波数を目安にそれより周波数が大きい領域（$\omega \gg \omega_c$）では，周波数が 2 倍になればゲインは半分になる。また偏角を考えると，直流極限では $\phi = 0$ であり，周波数無限大極限で $\phi = -\pi/2 = -90°$ となる。**図 1.12** および**図 1.13** に，ゲインおよび偏角を周波数の関数として図示した。目盛は図 1.13 の縦軸を除き対数目盛を用いている。

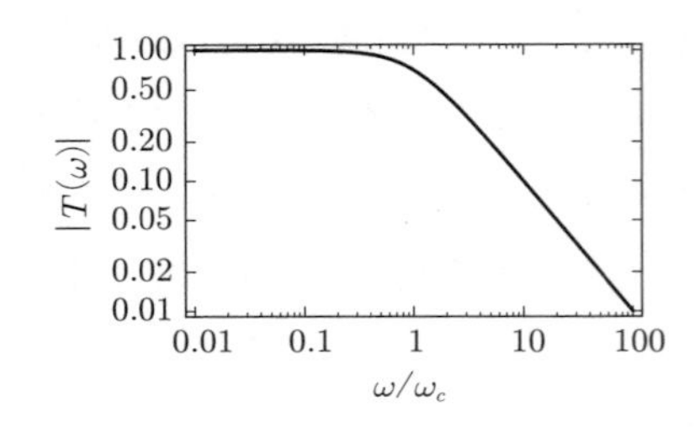

図 **1.12**　RC 低域通過フィルタの伝達関数ゲイン G（横軸 $\dfrac{\omega}{\omega_c}$）

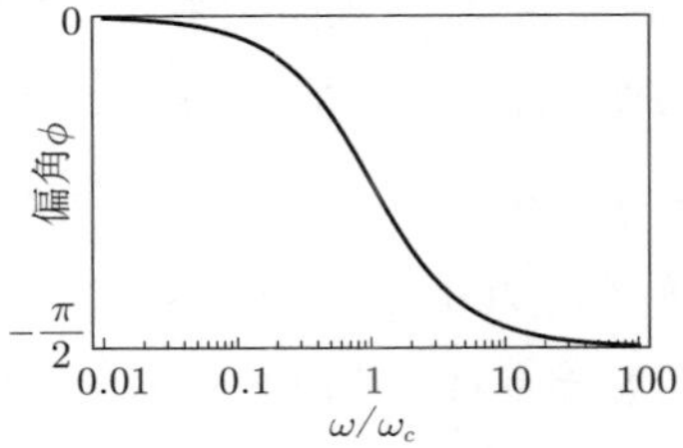

図 **1.13**　RC 低域通過フィルタの伝達関数偏角 ϕ（横軸 $\dfrac{\omega}{\omega_c}$）

問 5.　RC 低域通過フィルタにおいて，遮断周波数 ω_c におけるゲインをデシベル (dB) 単位で求めよ。なお，デシベルは V_0 を基準電圧，V を出力電圧としたとき式 $\mathrm{dB} = 20\log_{10}\dfrac{V}{V_0}$ により定義される（V_0 は入力電圧とせよ）。

問 6.　図 1.11 (b) は ***RC* 高域通過フィルタ** (high-pass filter，または微分回路）と呼ばれる回路である。この回路の伝達関数を求め，図 1.12 および図 1.13 と同様の図を作成せよ。

〔2〕積分回路と微分回路　　ここで積分回路や微分回路という呼びかたについて説明を加えておこう。図 1.11 (a) の回路にある時刻において立ち上がるステップ関数型の入力を印加したとすると，電流はキャパシタを徐々に充電し，出力電圧は時間とともに上昇する。特に初期期間に注目すると，出力電圧は入力電流を積分した値に比例する。これが積分回路の名前の由来である。また，逆に図 1.11 (b) に示した回路にステップ関数型の入力を印加すると，当初は電流が流れるが急速に流れなくなる。これに伴い，出力電圧は急激に立ち上がり，すぐに 0 に落ち着く。よって，出力は近似的に入力を微分した関数とみな

してよく，微分回路の名前はこれに由来する。より定量的な取り扱いについては付録 A.3 を参照されたい。

例題 1.2 共鳴回路と Q 値　　**図 1.14** はラジオ等の周波数選択に用いられる共鳴回路（同調回路とも呼ばれる）の例を示している。この回路の伝達関数を求めよ。また，ゲインを周波数の関数として図示せよ。なお，必要に応じて $R \ll \sqrt{\dfrac{L}{C}}$ と近似してよい。

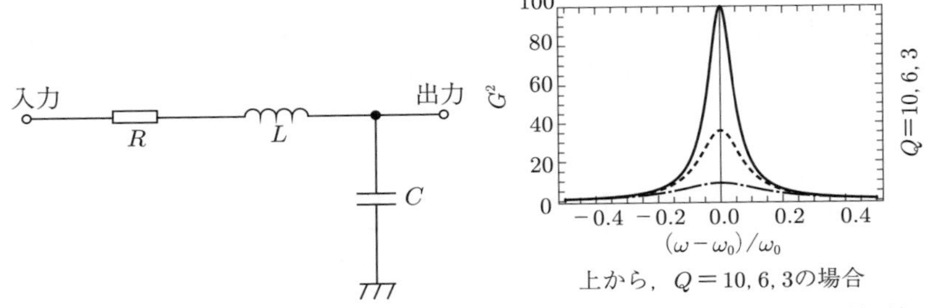

図 1.14　周波数選択用共鳴回路　　**図 1.15**　共鳴曲線（縦軸 G^2，横軸 $\dfrac{\omega-\omega_0}{\omega_0}$）

【解答】　共鳴周波数を $\omega_0 \equiv \dfrac{1}{\sqrt{LC}}$ と定義すると，その伝達関数は

$$T(\omega) = \frac{\dfrac{1}{j\omega C}}{R + j\omega L + \dfrac{1}{j\omega C}} = \frac{1}{j\omega CR + \left(1 - (\omega/\omega_0)^2\right)} \tag{1.24}$$

と与えられる。したがって $G^2 = |T(j\omega)|^2$ は

$$G^2 = \frac{1}{(\omega CR)^2 + \left(1 - (\omega/\omega_0)^2\right)^2} \simeq \frac{(\omega_0/2)^2}{{\omega_0}^2\,(\omega_0 CR/2)^2 + (\omega - \omega_0)^2}$$

と与えられる。最右辺は共鳴の中心付近に注目し，$\omega - \omega_0$ 以外の ω について $\omega \simeq \omega_0$ と近似することにより得られる。さらに，Q 値と呼ばれるパラメータ $Q = \dfrac{1}{R}\sqrt{\dfrac{L}{C}}$ を導入しよう。これを用いると G^2 は

$$G^2 \simeq \frac{\left(\dfrac{\omega_0}{2}\right)^2}{\left(\dfrac{\omega_0}{2Q}\right)^2 + (\omega - \omega_0)^2} = \frac{\left(\dfrac{1}{2}\right)^2}{\left(\dfrac{1}{2Q}\right)^2 + \left(\dfrac{\omega - \omega_0}{\omega_0}\right)^2} \tag{1.25}$$

となる。これをプロットした結果（共鳴曲線）を**図 1.15** に示した。出力電力は G^2 に比例すること，また Q が大きいほど共鳴曲線は鋭くなることに留意されたい。なお，一般に Q 値は

$$Q = \frac{\text{共鳴中心周波数}\ (\omega_0)}{\text{共鳴の強さ}\ (G^2)\ \text{が半減する周波数の全幅}} \tag{1.26}$$

と定義される。 ◇

問 7. **図 1.16** はオシロスコープのプローブ部に使われる回路である。伝達関数を求めよ。また, 伝達関数ができる限り周波数に依存しないようにしたい。$R_1 = 9\,\mathrm{M\Omega}$, $R_2 = 1\,\mathrm{M\Omega}$，$C_2 = 70\,\mathrm{pF}$ であるとき，C_1 をどのように選べばよいか。

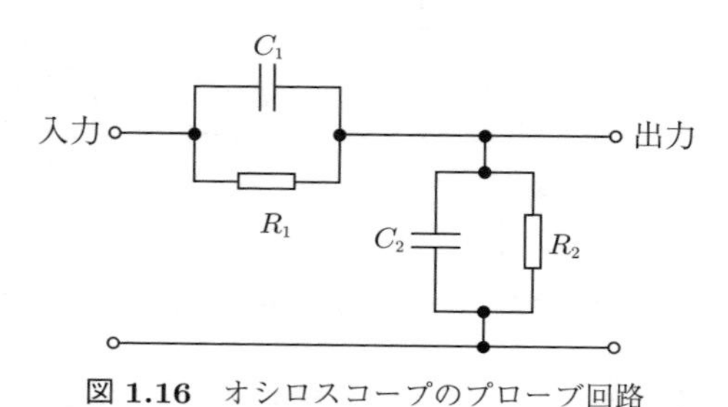

図 1.16　オシロスコープのプローブ回路

1.5　電圧源と電流源・入出力インピーダンス・伝送線

本章を終わる前に，そのほかの必要事項に関しても簡単に触れておこう。取り上げる話題は，電圧源と電流源，入出力インピーダンス，および伝送線の 3 項目である。

1.5.1　電圧源と電流源

図 1.17 には本書で用いる電圧源記号とその等価回路（図 (a)），および電流源記号とその等価回路（図 (b)）を示した。電圧源は日常的にもなじみが深く，要するに電池のことである。電池に抵抗をつなぐと，抵抗には電流が流れ両端に所定の電圧が現われる。では，どんな抵抗値でも所定の電圧がかかるかとい

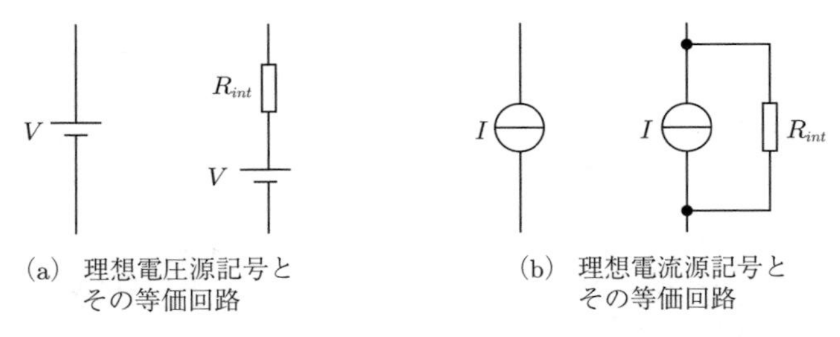

(a)　理想電圧源記号とその等価回路　　(b)　理想電流源記号とその等価回路

図 1.17　本書で用いる電圧源，電流源の記号とその等価回路

うと，現実の電源が流せる電流には限界がある。したがって，現実の電源は図(a) に示すように，理想電源と内部抵抗（R_{int}）が直列に接続されたものと考えてよい。

一方，電流源は所定の電流を流し続ける素子であり，抵抗につなぐと，抵抗値と電流値の積に相当する電圧が抵抗の両端に表れる。こちらの場合もどんな電圧でも一定の電流を供給できるかというと，やはり限界がある。よって現実の電流源は，図 (b) に示すように理想電流源と抵抗が並列に接続された回路と近似できる。なお，現実の電圧源や電流源は負荷回路に依存し，さらに複雑な応答を示す。図に掲げた等価回路はあくまでも 1 次近似のモデルと考えられたい。

問 8. 電源のモデルとして図 1.17 に掲げた等価回路を採用するとき，理想電源に近いのは内部抵抗が大きいときか，それとも小さいときか答えよ。

1.5.2　入出力インピーダンス

1.4 節においては，回路（あるいはその一部）の性質や機能を定量化する一つの方法として，伝達関数 $T(\omega)$ が用いられることを述べた。これ以外にも，入力インピーダンスあるいは出力インピーダンスと呼ばれる量が回路を特徴づけるうえで重要であり，頻繁に用いられる。以下ではこれらを説明しよう。

出力インピーダンスは電圧源や電流源の内部抵抗 R_{int} を一般化した概念である。まずは**図 1.18** (a) を参照されたい。図中の網掛けした部分は任意の回

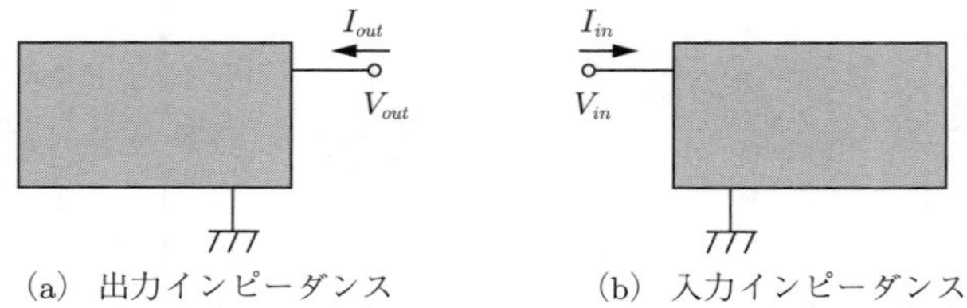

(a) 出力インピーダンス　　(b) 入力インピーダンス

網掛けした部分は回路(あるいはその一部)を表す。I_{out} は回路に入る方向を正と定義する。

図 1.18　出力インピーダンスと入力インピーダンスの定義

路である。ここで，出力端子にかかる電圧を V_{out}，流れ込む電流を I_{out} としよう。このとき出力インピーダンスは

$$Z_{out} \equiv \frac{dV_{out}}{dI_{out}} \tag{1.27}$$

と定義される（右辺は微小量の比で定義されていることに注意†)。例えば，図 1.17（a）の電源については $V = V_{out} + R_{int}(-I_{out})$ が成り立つ。V は一定であるので，$Z_{out} = R_{int}$ であることがわかる。

他方，入力インピーダンスは与えられた回路の入力端子側から見た実効的なインピーダンスとして定義される。すなわち図 1.18（b）に示したように，入力端子間にかかる電圧を V_{in}，流れ込む電流を I_{in} とすると

$$Z_{in} \equiv \frac{dV_{in}}{dI_{in}} \tag{1.28}$$

と定義される。回路が R, L, C 等の線形素子で成り立つならば，Z_{in} は入力端子とグランド間の合成インピーダンスにほかならない。回路中にトランジスタなどの非線形素子が含まれるときは，入出力インピーダンスを求める際，より複雑な計算が要求される。このような場合についてはおいおい説明する。

問 9. 図 1.16 に示した回路の入力インピーダンスを求めよ。
問 10. 図 1.17（b）に示した回路の出力インピーダンスを求めよ。

---

† 単に V_{out}/I_{out} と定義することもできるが，トランジスタ回路への応用には，式（1.27）の定義がより有用である。また，電圧や電流が時間変動するとき，特定の周波数 ω に注目して解析するのが賢明な方法で，このとき式（1.27）は電圧や電流の振動部振幅の比となる。したがって，Z_{out} も一般には ω に依存し，複素数となる。

1.5.3　伝　送　線

高周波信号（あるいは狭幅のパルス信号）のエネルギーを効率よく伝達移送する際，伝送線と呼ばれる電気走路が使われる。われわれの最も身近にある伝送線の例はテレビのアンテナと受像機を結ぶケーブルであろう。このケーブルは通常**図 1.19** に示されるような同軸構造をもつ。中央には銅の芯線があり，それを絶縁体（ポリエチレン樹脂が一般的）が取り囲んでいる。その外側を銅の外筒状編線電極が包み，さらにビニール被覆が全体を覆っている。

では，なぜ伝送線を用いるのか？　その理由は，高周波信号をその波形や大きさを維持したまま伝達する唯一の現実的手段だからである。伝送線を特徴づける最も重要な性質は，特性インピーダンスと伝送速度であろう。特性インピーダンスについてはテレビの信号ケーブルには 75 Ω，計測用では 50 Ω が多用される†1。伝送速度は光速度の 2/3 程度†2であるが，よほど長いケーブルを用いない限りその影響は無視することが可能であり，また必要であれば信号の遅延時間は簡単に計算することができる。そこで，以下では伝送線の特性インピーダンスについてより詳しく説明しよう†3。

少し唐突であるが，**図 1.20** に示した回路を考察する。T 字型 LC 回路で抵

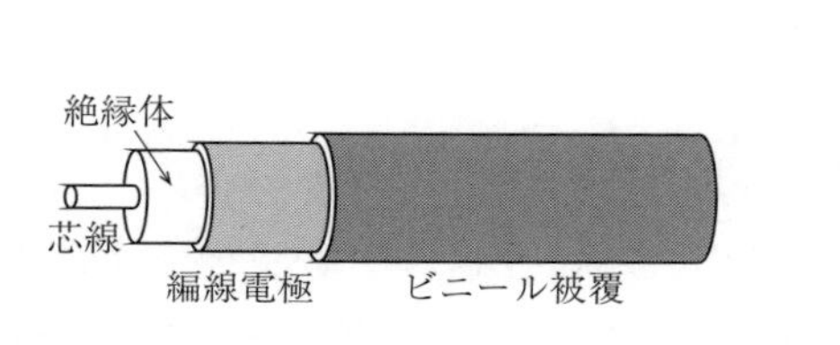

図 1.19　伝送線の構造

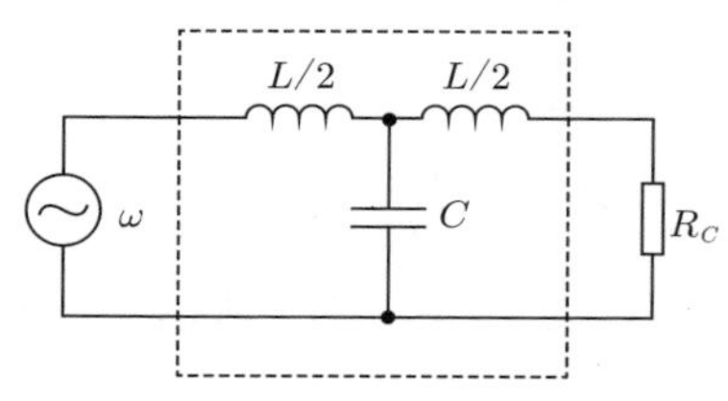

図 1.20　伝送線の部分回路

†1　オシロスコープをはじめとする計測機器は，選択肢の一つとして，入出力が 50 Ω の伝送線に接続されることを想定して設計されていることが一般的である。

†2　伝送線中での信号の伝搬は波動的性格をもつことが知られている。一般に媒質中を伝搬する電磁波の速度は真空中の光速度を屈折率 n で割った値となるが，伝送線中での屈折率はポリエチレン樹脂の比誘電率 $\varepsilon_r = 2.3 \sim 2.4$ を用い，$n = \sqrt{\varepsilon_r}$ と与えられる。

†3　なお，信号が低周波領域なのか高周波領域なのかを区別する目安はその波長である。波長が回路素子の寸法より十分長ければ低周波と考えてよい。信号の到来時間を正確に測定したいときは高周波成分が重要な役割を果たし，この場合伝送線の使用は必須となる。逆にオーディオ回路では一般に不要である。

抗 R_C が付加されたものに周波数 ω の正弦波が入力されている。ここで信号源から見た入力インピーダンス（Z_C）がちょうど R_C となるには，どのような条件が必要であるかと考えると，簡単な考察から，等式

$$Z_C = \sqrt{\frac{L}{C} - \left(\frac{\omega L}{2}\right)^2} = R_C \tag{1.29}$$

が成立することが必要と判明する。

問 11. 式（1.29）を示せ。

つぎに，破線内に示したT字型 LC 回路を入力部に多数接続してみよう（**図 1.21** 参照）。もし式（1.29）が成立するならば，図 1.21 中の小さいほうの破線枠は R_C と等価であるから大きいほうの破線枠も R_C と等価となる。この考え方を進めると，図 1.21 に示した回路の入力インピーダンスもやはり R_C となることがわかる。ところで，伝送線は無限に小さい L と無限に小さい C を無限個接続した回路とみなすことができる。すなわち，芯線と編線電極はキャパシタが分布したものであり，芯線のまわりに生まれる磁場はインダクタンスが並んだものと等価であると考えてよい。このとき $\dfrac{L}{C}$ を一定にして，$L, C \to 0$ の極限を考えると，式（1.29）は根号内の第 2 項を無視することができて

$$Z_C = \sqrt{\frac{L_0}{C_0}} \tag{1.30}$$

となる。ここで L_0 および C_0 は，おのおの伝送線の単位長さ当りのインダクタンスとキャパシタンスである。この結果からわかるように，Z_C（実数）は伝送

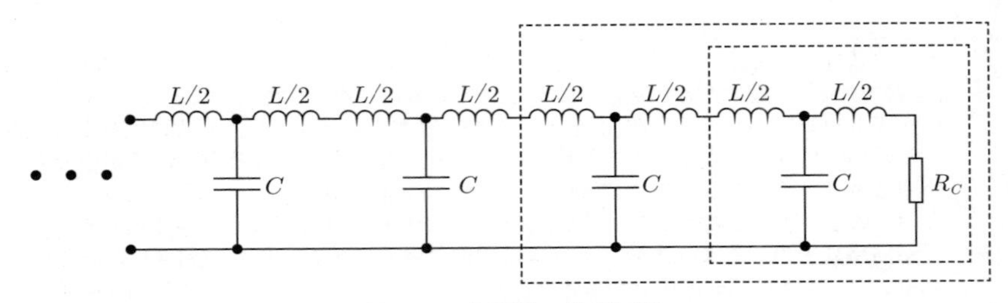

図 1.21　伝送線の等価回路

線のもつ固有の性質であり[†1]，伝送線の特性インピーダンスと呼ばれる。特性インピーダンスは抵抗の次元をもつが，この抵抗は伝送線内の電圧と電流の比を与える量であり，ジュール熱を生み出すものではない。また，伝送線の終端（右端）が特性インピーダンスに等しい値をもつ抵抗（$R_C = Z_C$）で短絡されるならば，伝送線は入力端から見ても特性インピーダンスに等しい値をもつ抵抗とみなすことができる。この場合，信号は終端につけられた現実の抵抗においてジュール熱に転換する。終端抵抗が R_C とは異なる値の場合は，一般に信号は反射を起こし入力側に戻ってくる[†2]。一般的な 50 Ω 伝送線である 5D-2V 規格同軸ケーブルの仕様を参考として**表 1.2** にまとめた。

表 1.2 5D-2V 規格同軸ケーブルの仕様

物理量	値	物理量	値
芯線電極半径	0.7 mm	外筒電極半径	2.4 mm
静電容量	~100 pF/m	インダクタンス	~0.25 μH/m
伝搬速度／光速度	~0.67	特性インピーダンス	~50 Ω

今後説明するトランジスタを用いた増幅器（アンプ）の観点から，伝送線に関連する注意事項をまとめておこう。

- 計測用アンプが検出器に直結されておらず伝送線を介している場合，信号の反射を防止するため，アンプの入力インピーダンスは特性インピーダンスに一致させなければならない。
- アンプの出力が伝送線によって後段の回路に送られる場合，出力インピーダンスも特性インピーダンスに一致させる必要がある。
- 上記の条件に加えて，アンプの最大出力電流は想定される最大出力電圧を特性インピーダンスで割った値を超えていなければならない。

この段階で理解するのは難しいかもしれないが，わからなくなれば必要に応じて戻って来られたい。

[†1] Z_C は伝送線の幾何学的形状や絶縁体の誘電率を与えれば一意的に定まる。
[†2] 伝送線を伝わる信号は，波動方程式を満たすことが知られている。終端に取りつけられた抵抗は境界条件を与え，これに応じて反射波が生じたり，消えたりする。

コーヒーブレイク

水回路をキャパシタとインダクタに拡大しよう。キャパシタは二つの椀状の器をゴムの膜で仕切って合わせたような容器で近似できる（**図 1** 参照）。容器の容量（C）は膜の断面積に比例し，膜のゴム弾性率に反比例する。逆にこれらの定数が与えられているとき，貯蔵水量（Q）は水の圧力（V）に比例する。膜を通して水を直流的に通すことはできないし，また抵抗と違ってエネルギーを消費することもない。このような性質はキャパシタと一致する。

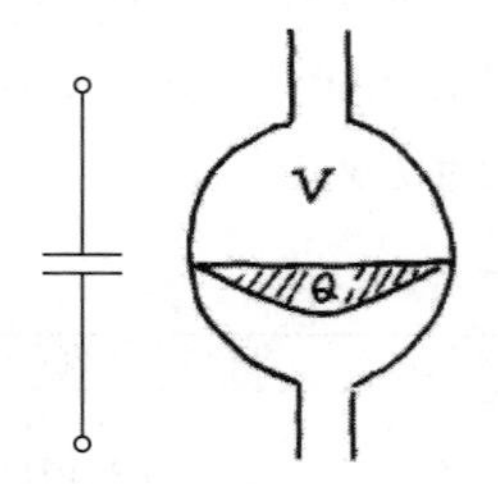

図 1　水回路におけるキャパシタ

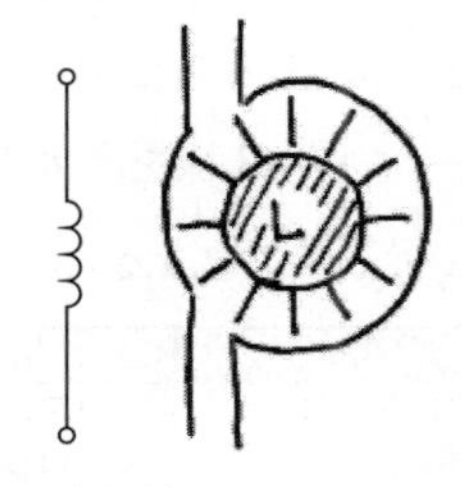

図 2　水回路におけるインダクタ

他方，インダクタは重い質量のついた水車に相当する（**図 2** 参照）。水を流して水車を動かそうとしてもなかなか動かない。しかしいったん動き始めると慣性により水を流し続ける。水車の慣性モーメントはさしずめインダクタンス（L）に相当する。水車に摩擦がなければエネルギーを散逸することはなく，運動エネルギーとしてエネルギーを蓄積することになる。

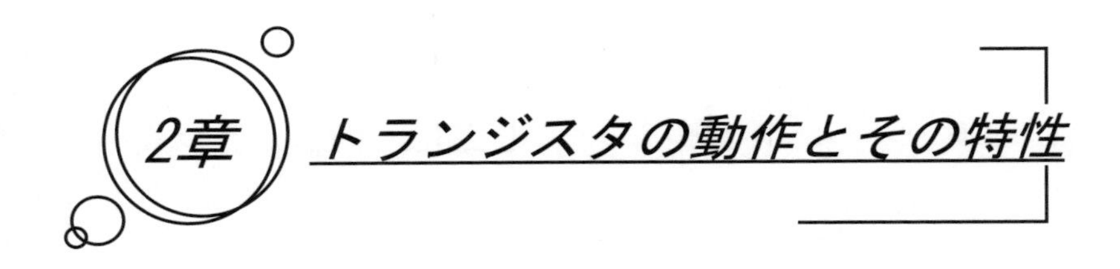

2章 トランジスタの動作とその特性

トランジスタはアナログ回路の主役である。いままで述べてきたほかの回路素子とは異なり，信号を増幅することができるからである。トランジスタは 2 個のダイオードを「張り合わせた」素子とみなすことができる。そこで本章ではまずダイオードの性質を説明する。その後トランジスタの動作特性を解説し，それを使ったアンプの基本的な考え方を提示する。

2.1 ダイオード

ダイオード（diode）は一定方向の電流のみを流すことができる（整流作用をもつ）回路素子である。アノード（陽極）とカソード（陰極）の二つの端子をもち，電流はアノードからカソードに流れる。整流作用を有する素子は多数あるが，本書ではもっぱら半導体ダイオードを取り扱う。半導体ダイオードは p 型半導体（アノード）と n 型半導体（カソード）を原子レベルで接触させた構造（pn 接合と呼ばれる）をもつ[†1]。またダイオードの回路記号としては，**図 2.1**(a) に示したものが用いられる。

ダイオードに電源をつないでそこに流れる電流を測定すると，端子間に印加される電圧 V_d とダイオードに流れる電流 I_d には

$$I_d = I_s\left(e^{V_d/V_T} - 1\right), \quad V_T \simeq 25\,\mathrm{mV} \tag{2.1}$$

なる関係式が成立することが知られている[†2]。ここで I_s は飽和電流と呼ばれる

---

†1 半導体の観点からのダイオードの説明は付録 B を参照されたい。

†2 I_d は V_d/V_T の指数関数の依存性をもつが，これは半導体中の電荷を運ぶキャリアの濃度が，印加された電圧 V_d や温度に依存して変化することに起因する。

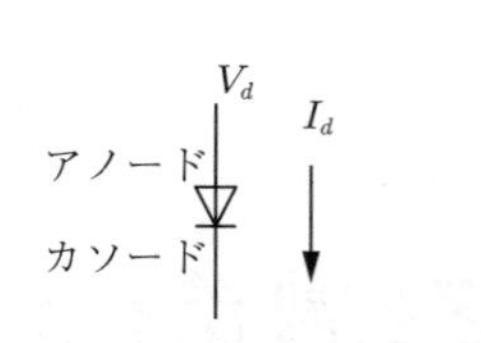

(a)　ダイオード記号と電流の向き

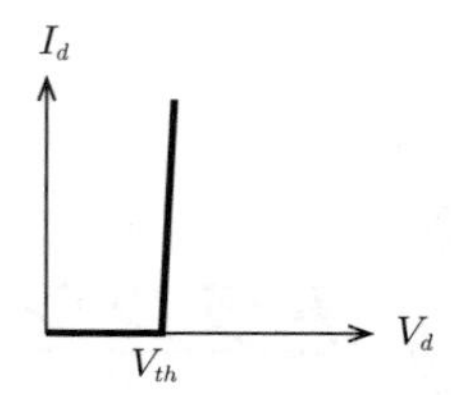

(b)　ダイオードの端子間電圧（V_d）と電流（I_d）の関係を表す簡易モデル

このモデルでは，V_d があるしきい値（V_{th}）を超えると，ダイオードはあたかもきわめて 0 に近い抵抗のごとく振る舞い，流れる電流は際限なく大きくなる。

図 2.1　ダイオードの記号，および端子間電圧と電流の関係

電流であり，ダイオードの種類によりさまざまな値をとる。式からもわかるように，V_d が負のときにダイオードに流れる電流と考えてよい。また，V_T はダイオードの熱電圧と呼ばれる電圧で，半導体の理論によれば

$$V_T = \frac{k_B T}{q} \simeq 25\,\mathrm{mV} \quad (290\,\mathrm{K}\ \text{での値}) \tag{2.2}$$

と与えられる。ここで q は素電荷（$q \simeq 1.6 \times 10^{-19}\,\mathrm{C}$），$k_B T$ はボルツマン定数（$k_B \simeq 1.38 \times 10^{-23}\,\mathrm{JK}^{-1}$）と絶対温度の積である。常温ではダイオードの種類にはよらず，ほぼ一定の値（25 mV）をもつので覚えておくと便利である。

図 2.2（a）は式（2.1）をプロットしたものである。縦軸は $\dfrac{I_d}{I_s}$ であるが，シリコン半導体を用いたダイオードでの典型的な飽和電流は $I_s \simeq 10^{-12}\,\mathrm{A}$ であることを考慮すると，V_d が 0.6 V から 0.7 V 程度になると急激に電流が増加す

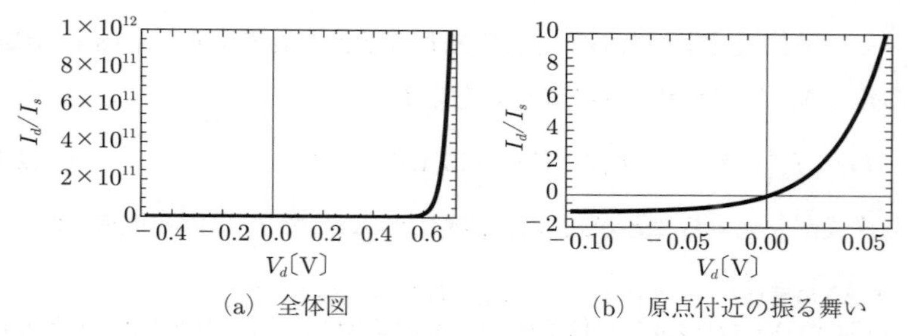

(a)　全体図　　(b)　原点付近の振る舞い

図 2.2　ダイオードに流れる電流と印加電圧 V_d の関係（式（2.1）のプロット）

ることが読み取れる。この値はダイオードの**しきい値電圧**（threshold voltage, V_{th}）と呼ばれる†。ダイオードの特性を極端に単純化するならば，図 2.1（b）に示すように，しきい値電圧を超えると導通するスイッチとみなすことができる。また，図 2.2（b）は式（2.1）の原点付近での振る舞いをプロットしたものである。V_d が負の状態では非常にわずかであるが，飽和電流がカソードからアノードに向かって流れることがわかる。

問 1. ダイオードのアノード端子を電源に，カソードを 1 kΩ の抵抗を通してグランドに接続する。電源電圧（V_a）を変化させるとカソード電圧（V_c）はどのように変化するか示せ。

2.2　トランジスタの基本的動作特性

トランジスタ（transistor）は，2 端子素子のダイオードとは異なり 3 端子の素子である。これらの端子は，**エミッタ**（emitter, E），**ベース**（base, B）および**コレクタ**（collector, C）と呼ばれる。本節ではトランジスタの基本的な動作特性を説明する。ただしトランジスタには非常に多数の種類が存在し，その動作や性能もまちまちである。そこで，以下ではアナログ回路にとって最も基本的なトランジスタである NPN 型 **BJT**（bipolar junction transistor）に絞って解説を行い，そのほかの種類のトランジスタ，PNP 型 BJT および電界効果トランジスタについては 2.6 節で言及する。なお NPN 型 BJT は，その名前が示唆するように，p 型半導体の両側を n 型半導体が取り囲むような構造をしている。いうならば二つのダイオードが一つの電極（NPN 型の場合，アノードである p 型半導体）を共有しているのである（半導体の観点からの動作原理の説明については付録 B を参照されたい）。**図 2.3**（a）に NPN 型，および図

† V_{th} は実用上の便宜を目的として導入された概念であり，本書では電流が実用的なレベルに達する，おおむね 1 mA を超えるときの V_d の値をその目安にしている。

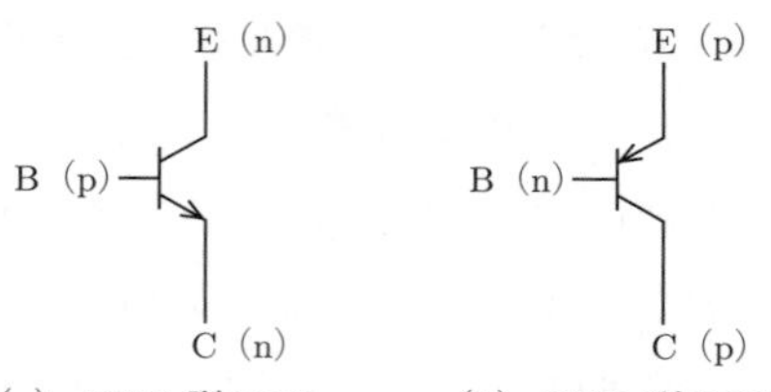

(a) NPN 型 BJT　　(b) PNP 型 BJT

括弧内の p (または n) は電極が p (または n) 型半導体であることを示す。

図 2.3　トランジスタに用いられる記号

(b) に PNP 型 BJT の記号を示した。

さて (NPN 型) トランジスタの動作特性を理解するため，つぎのような実験をしてみよう。**図 2.4** (a) に示されているように，コレクタに $R_C = 1\,\mathrm{k\Omega}$，またエミッタに $R_E = 1\,\mathrm{k\Omega}$ の抵抗を取りつけ，それぞれを電源 (V_{CC}) とグランド (GND) へつなぐ。この回路の V_{CC} を，例えば 5 V に固定し，ベース電圧 (V_B) を上げていくと，コレクタ電圧 (V_C) とエミッタ電圧 (V_E) はどのように変化するであろうか？　図 (b) はその結果の概略図 (横軸 V_B，縦軸 V_C あるいは V_E) である。V_E はベース電圧が 0.7 V を越え始めると上昇を始め，エミッタ抵抗 R_E に電流が流れ始める。V_B をさらに上げると，これに追従して V_E も上昇する (すなわち傾き 1 の直線となる)。これと同時にコレクタの電圧も V_{CC} より下がるが，V_C が降下する割合は V_E の上昇する割合とほぼ同じで

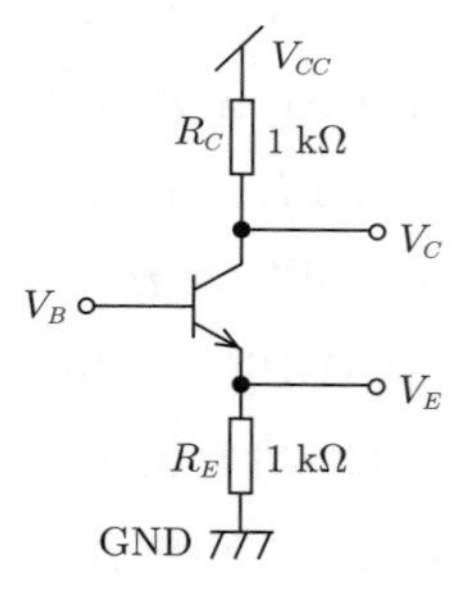

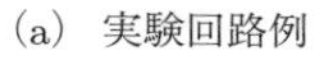

(a) 実験回路例

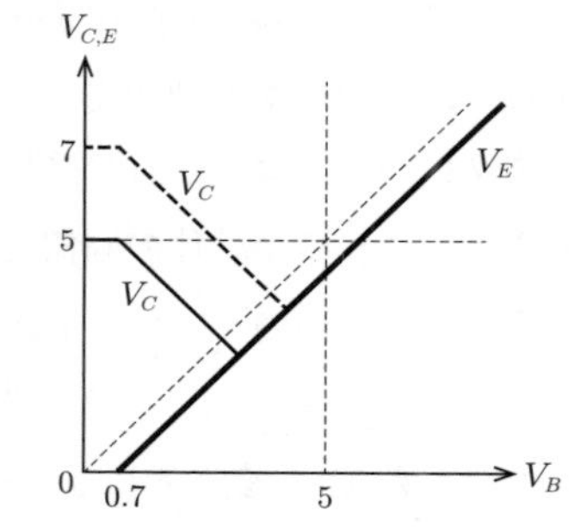

(b) コレクタ電圧，エミッタ電圧の変化

図 2.4　トランジスタの動作特性 ($R_E = R_C = 1\,\mathrm{k\Omega}$)

ある。つぎに，電源電圧を $V_{CC}=7\,\mathrm{V}$ に変えて同じことをやってみよう。するとエミッタ電圧の振る舞いはまったく変わらず，コレクタ電圧の変化のみが電源電圧の変化分（2 V）だけ上に平行移動することがわかる。

では，この測定結果をどう解釈すればよいのだろうか？　まずトランジスタの BE 端子間はダイオードとみなせることを考慮すると，0.7 V はそのしきい値電圧であり，ダイオードが導通状態になったことを示している。V_E が V_B に追随しているという事実もこれを支持する。つぎに注目すべき点は，V_E の上昇する割合と V_C の下降する割合がほぼ同じという事実である。$R_E=R_C=1\,\mathrm{k\Omega}$ であることを考慮すると，この事実はエミッタに流れる電流 I_E とコレクタに流れる電流 I_C がほぼ等しいことを示している。キルヒホッフの法則からベースに流れる電流 I_B は I_C-I_E に等しいので，I_B は I_C および I_E に比べてはるかに小さいことになる。以上をまとめるとトランジスタは，**図 2.5** に示される等価回路で理解できることがわかる。この等価回路では，入力の B 端子には電圧計[†]，C 端子と E 端子間には電流源とスイッチが接続されている。もし $V_{BE}>0.7\,\mathrm{V}$ になるとスイッチが ON になり，電流源が働きだす。電流の大きさは電圧計の値 V_{BE} に依存し，式（2.1）に示した式と同一の内容をもつ

$$I_E=I_s\left(e^{V_{BE}/V_T}-1\right),\quad V_T=\frac{k_BT}{q}\simeq 25\,\mathrm{mV}\tag{2.3}$$

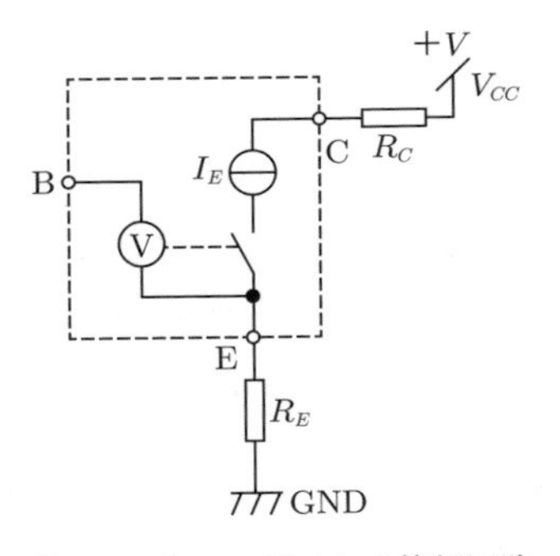

図 2.5　トランジスタの等価回路

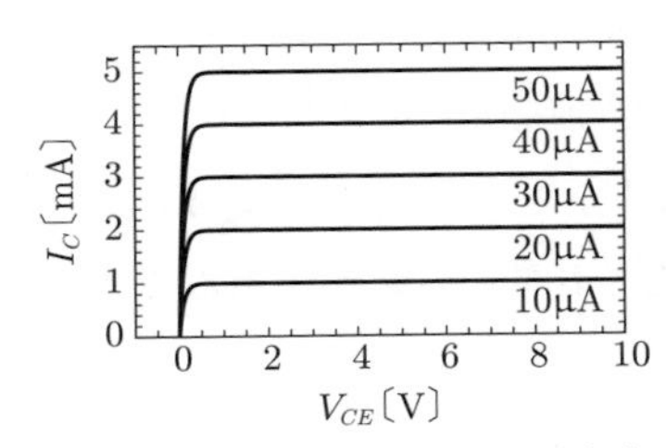

図中のパラメータはベース電流を表すが，ここでは V_{BE} とみなしてよい（p.41 参照）

図 2.6　I_C の V_{CE} 依存性

† 電圧計は内部抵抗が大きいので，B 端子には電流は流れない。

で与えられる[†1]。上式が成り立つことは，BE 端子間はダイオードとみなせることを考えれば，納得がいくであろう。しかし，なぜ B 端子には電流が流れず，むしろ C 端子に流れるのか？ 「だまされた気分」の読者も多いのではないだろうか。··· 疑問をもつ読者については付録 B を参照してもらうとして，ここではこのモデルをひとまず受け入れ，測定を続けよう。注目点の一つは V_C がどこまで下がり得るかという点である。さらにベース電圧を上げていくとついには V_C と V_E が一致する。しかしその後は，V_B の上昇につれて V_C も上昇していく。これは，$V_C = V_E$ $(= 2.5\,\mathrm{V})$ になると BC 端子間のダイオードも導通 $(V_B \geqq V_C + 0.7\,\mathrm{V})$ すると考えられ，ベースにも電流が流れ出しているためだと解釈できる。なお，ベースに電流が流れていない状態をトランジスタはアクティブ領域（あるいは状態）にある，対してベースに電流が流れている状態を飽和領域にあると呼ぶ[†2]。以上から，トランジスタは

① ベース・エミッタ間電圧 V_{BE} がしきい値電圧 V_{th} を超えると $(V_{th} > 0.7\,\mathrm{V})$，エミッタ電流 I_E が流れ始める。

② I_E は式 (2.3) で与えられるが，近似的には「つねに $V_{BE} = V_{th} \simeq 0.7\,\mathrm{V}$ が保たれるように流れる」と考えてよい。

③ ベース電流 I_B は無視できるほど小さく，$I_E \simeq I_C$ が成り立つ。

④ I_E がさらに増加し $V_C = V_E$ になるとベースからも電流が流れ始める。

などのルールに従って動作していると理解できる。ただし，これらのルールが成立する前提条件として

⑤ $V_B \geq V_E$ かつ $V_C \geq V_E$

が満たされている必要があることに注意してほしい。以上より，トランジスタはベース電圧 V_B を変えることにより，コレクタ電流 I_C を制御する素子であるとまとめることができよう。**図 2.6** には，I_C を V_{CE} の関数としてプロットした。図中のさまざまな曲線は V_{BE} を変化させることに対応している。なお，I_C は V_{BE} に依存するが，V_{CE} には依存しないことに注意されたい。

[†1] R_C に流れる電流は V_{CC} ではなく，V_{BE} に依存することに注意されたい。
[†2] 詳しくは付録 B の表 B.1 を参照されたい。

問 2. 図 2.4 において $V_E = 2\,\mathrm{V}$ のとき，V_C および I_C を求めよ。また，このときトランジスタはアクティブ領域にあるか，それとも飽和領域にあるかも答えよ。ただし $V_{CC} = 5\,\mathrm{V}$ とする。

問 3. 図 2.4 において $V_E = V_C = 3\,\mathrm{V}$ のとき，I_E，I_C および I_B を求めよ。また，このときトランジスタはアクティブ領域にあるか，それとも飽和領域にあるかも答えよ。ただし $V_{CC} = 5\,\mathrm{V}$ とする。

問 4. 図 2.4 において $R_E = 3\,\mathrm{k\Omega}$ に取り替えると，測定結果のグラフはどのように変化するか示せ。ただし $V_{CC} = 8\,\mathrm{V}$ とする。

問 5. 図 2.4 において，V_B の関数として I_C あるいは I_B を表すグラフを作成せよ。ただし，$V_{CC} = 5\,\mathrm{V}$ とする。

問 6. **図 2.7** の回路において，電源電圧を $V = 10\,\mathrm{V}$，コレクタ抵抗を $R_C = 10\,\mathrm{k\Omega}$ としたとき，コレクタに流れる電流を求めよ。この回路ではトランジスタをダイオードとして使用している。

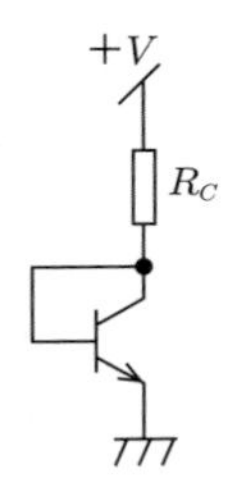

図 2.7 ダイオードとして使用したトランジスタ

コーヒーブレイク

水回路において，ダイオードは水の逆流防止に使用される逆止弁（チェックバルブ）に相当する（**図 1** 参照）。水を順方向に流すとき，弁を開けるのに一定の圧力（$\sim 0.7\,\mathrm{V}$）を必要とするが，弁がいったん開くと，その後は水圧にはあまり依存せずに任意の流量を流すことができる。

トランジスタは，**図 2** に示した水量調節の可能な弁（バルブ）といえよう。この弁には水の流れる口が三つある。このうち B（ベース）はピストンを押すための口，C（コレクタ）および E（エミッタ）はおのおの水の主たる流入口および流出口である。ピストンにかかる水圧がバネの圧力（実際のトランジスタでは約 0.7 V）に打ち勝つと，C の弁は全面開放され水が流れ出す。図からもわかるように，このとき B からも少し漏れ込むが，E に流れる水の大部分は C から流れ

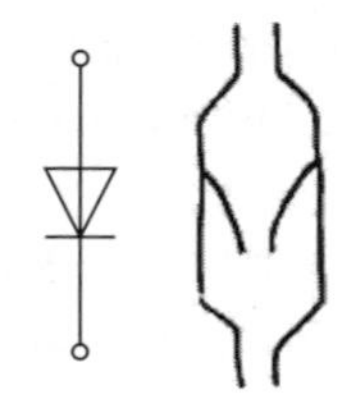

図 1　水回路におけるダイオード

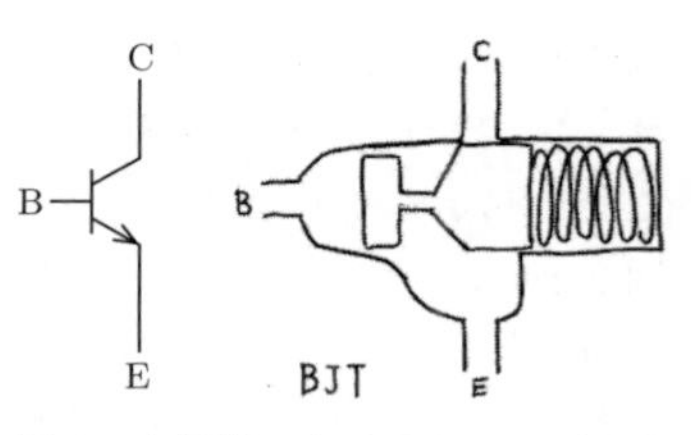

図 2　水回路におけるトランジスタ

込む。すなわち弁が適当なところで制御されている限り，C の水流と E の水流はほぼ等しいと考えてよい。なお弁が正常に動作するためには，B や C の圧力は E の圧力よりつねに高く保たれている必要がある。

2.3　アンプの基本構成

2.3.1　電 圧 増 幅 段

図 2.8 に示すように，コレクタに図 2.4 の回路に比べてもっと大きな抵抗，例えば 3 kΩ を取りつけよう。ここで，ベース電圧 V_B を適当な電圧，例えば 1.2 V を基準に少し変動させるとどうなるであろうか？　以下では基準電位を $V_B^{(0)}$ と

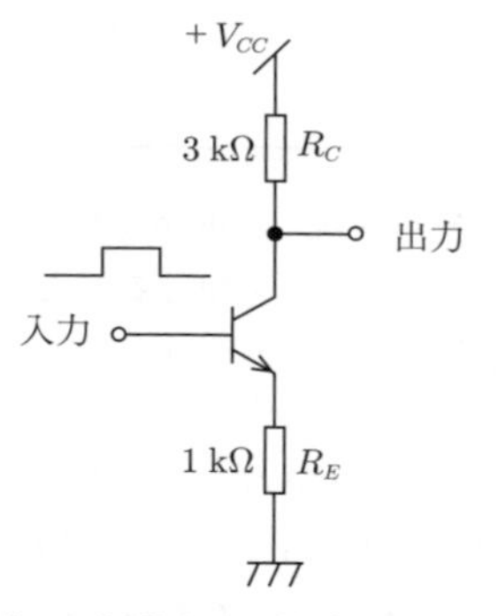

バイアス回路および入力キャパシタは省略

図 2.8　電圧増幅段

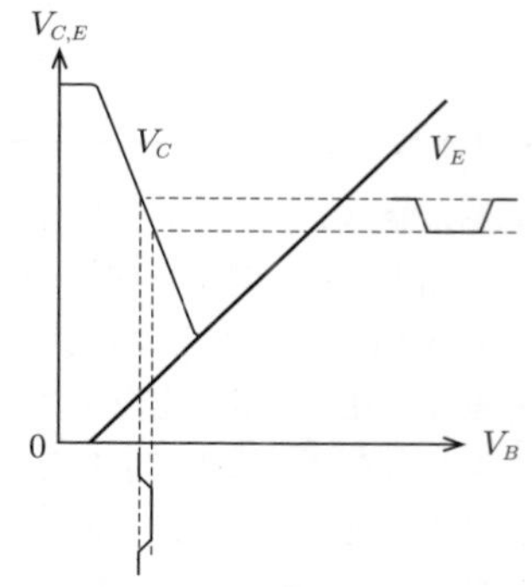

出力パルスの波高は入力信号の波高に比べて，3 倍に増幅される

図 2.9　電圧増幅作用（縦軸 V_C，横軸 V_B）

記そう。ベース電圧を $V_B^{(0)}$ から $V_B^{(0)}+\Delta V_B$ にまで増加させると，これに伴いエミッタ電圧は $V_B^{(0)}-V_{th}$ から $V_B^{(0)}-V_{th}+\Delta V_B$ にまで増加する（$V_{th}\simeq 0.7\,\mathrm{V}$）。したがってエミッタ電流は $\dfrac{V_B^{(0)}-V_{th}}{R_E}$ から $\dfrac{V_B^{(0)}-V_{th}+\Delta V_B}{R_E}$ へと増加し，その増分は $\dfrac{\Delta V_B}{R_E}$ となる。ここまでは以前の議論とまったく変わらない。しかし，コレクタにつながれた抵抗 R_C が R_E の 3 倍も大きいため，同じ電流変化でも出力電圧の変化は 3 倍に拡大される。これがトランジスタによる電圧増幅作用（図 **2.9**）である。

図 2.9 は図 2.8 で示される回路に対する V_C-V_B 曲線である。V_C を表す直線がより急角度になっていることに注意しよう。図中の垂直破線はエミッタ電圧の変動分 ΔV_B を表し，水平破線はコレクタ電圧の変動分 $\Delta V_B\dfrac{R_C}{R_E}$ を表す。図からもわかるように出力の変化方向は入力とは逆である。したがって，増幅率は負符号をつけ $-\dfrac{R_C}{R_E}$ と表すことができるが，負符号を無視することも多い。ここでいう増幅率は，入力の変化分に対する出力の変化量として定義されていることにも注意されたい。なお，図 2.8 の回路は後述する電力増幅を担うアンプに対比して，電圧増幅段（アンプ）と呼ばれる。

問 7. V_{CC} を $5\,\mathrm{V}$ とし，V_B を $(1.2\pm 0.1)\,\mathrm{V}$ に設定したとき，V_E と V_C の電圧はそれぞれいくらになるか。

問 8. 入力信号が大きくなると，トランジスタはアクティブ領域から外れ，増幅率が変化してしまう可能性が出てくる。増幅率が一定値を示す最大の信号振幅はダイナミックレンジと呼ばれる。図 2.8（$V_{CC}=5\,\mathrm{V}$）に示したアンプの入力および出力ダイナミックレンジを定めよ。

さて，図 2.8 で示したアンプは，じつをいうとこの回路単体では実用にならない。この理由を理解するためにつぎのような考察を行おう。まず，増幅回路を実際に使用するには何らかの負荷（スピーカ，表示器，後段アンプなど）を考えなければならないが，この負荷†を R_L で表そう（図 **2.10** 参照）。また，興

† 一般に負荷は，純抵抗とは限らない。ただし本章では簡単のため，純抵抗と仮定する。

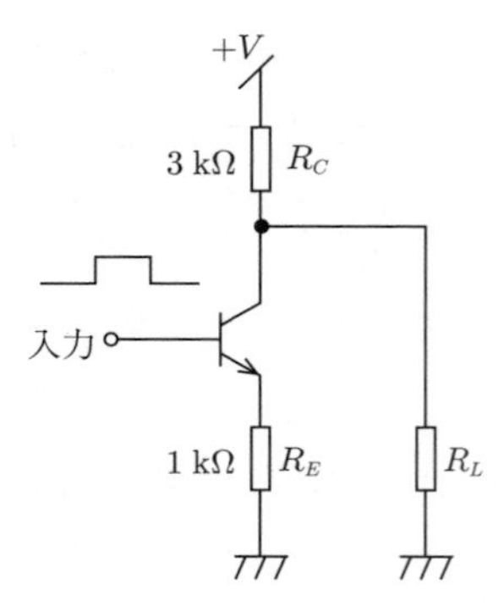

図 **2.10**　負荷 R_L が存在するアンプ

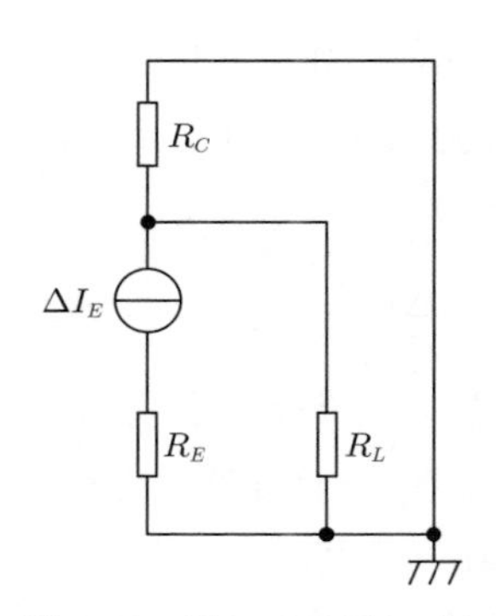

図 **2.11**　図 2.10 のアンプの小信号等価回路

味の対象は入力信号の変動に対する出力信号の応答であるので，変動部のみに注目する。すなわち，エミッタ電流ならば定電流部分の $I_E^{(0)}$ と変動部分の ΔI_E の和 $I_E = I_E^{(0)} + \Delta I_E$，あるいはコレクタ電圧ならば $V_C = V_C^{(0)} + \Delta V_C$ などと書き表し，ΔI_E や ΔV_C などに注目する（ただし $|\Delta I_E| < |I_E^{(0)}|$ あるいは $|\Delta V_C| < |V_C^{(0)}|$ と仮定）。変動部分のみに注目する最大のメリットは，これにより回路の重要な特徴をより簡単に理解できる点である。例えば，図 2.10 で示したアンプの小信号等価回路は**図 2.11** に示したものとなる。図 2.11 を見て気づく点は，電源電圧が無視され，グランドと同一視されていることであろう。これは以下のように理解することができる。まずキルヒホッフの第 2 法則より

$$\text{電源電圧} = \text{電圧降下の総和} = \text{変動しない部分} + \text{変動部分}$$

が成り立つことに注意しよう。電源電圧 = 変動しない部分を両辺から消去すると，変動部分 = 0 が得られる。すなわち変動部分のみを考える限り電源電圧は 0 であり，等価回路においては電源をグランドとみなすことに相当する。この結果，図 2.11 ではコレクタ抵抗 R_C と負荷 R_L は並列接続されることになる。その合成抵抗を $R_C \,/\!/\, R_L$ とすると，出力信号は $\Delta V_C = \Delta I_E (R_C \,/\!/\, R_L)$ と与えられる。一方，入力信号の電圧変化は $\Delta V_E = \Delta I_E R_E$ であるので，最終的な増幅率（あるいはゲイン G）は

$$G = \frac{R_C \,/\!/\, R_L}{R_E} = \frac{R_L}{R_C + R_L} \times \frac{R_C}{R_E} \tag{2.4}$$

となる。第2項は R_E と R_C から決まるアンプ固有の増幅率（この例では3）を表し，第1項は負荷をつないだことによる影響を表す。これより $R_L \gg R_C$ でない限り増幅率は小さくなってしまうことがわかる。すなわちこのアンプは小さな抵抗 R_L を駆動することはできない。ところで出力電力 $\frac{V^2}{R_L}$ は出力電圧の2乗に比例し，負荷に逆比例する。出力電圧が電源電圧で制限されていることを考慮すると，出力電力を増すには負荷を小さくする必要があることがわかる。以上がこの増幅回路が単体では有用でない理由である。

2.3.2　電力増幅段

それでは，高負荷（すなわち小さな R_L）に対しても意図した増幅率を保つにはどうすればよいだろうか？　この問題はもう一つトランジスタを用意し，**図2.12** に示すように接続することで解決される。すなわち，左の電圧増幅段トランジスタの出力を右の（後段の）トランジスタのベースに，コレクタは電源につなぐ。加えて，後段のトランジスタのエミッタは3 kΩ程度の抵抗 R_L でグランドに接続し[†1]，信号はこのエミッタから取り出すものとする。

問題はどのように改善されたであろうか？　これを理解するためには後段のトランジスタの入力インピーダンス（p.22参照）がどうなるかを考えるのが適切である。ベースに流れる電流は非常に小さく，入力電圧が変化してもほとんど変化しないことから入力インピーダンスは非常に大きいことが予想される[†2]。これより式 (2.4) の R_L は近似的に無限大であるとみなしてよいことがわかる。また，電圧の増幅率は目算どおり3倍となる。一方，トランジスタのエミッタ電圧はトランジスタがアクティブ領域にある限りベース電圧と同じように変化をすることを思い起こすと，負荷によらず出力信号はベース電圧を（0.7 Vの差を保ちつつ）つねに追随する。これが小さい抵抗も駆動することのできる理由

[†1] これによりトランジスタの動作領域をアクティブ領域にする。
[†2] より正確な議論は2.5.1項参照。

である。そして，前述したように，出力電力は負荷に逆比例する。したがって，この回路は電力を増幅しているといえるので，電力増幅段と呼ばれる。なお，後段トランジスタの「出力電圧は入力電圧を追随する」性質から電圧フォロワ（あるいはバッファ）とも呼ばれ†，特にバイポーラトランジスタを用いる場合は，**エミッタフォロワ**（emitter follower）とも呼ばれる。

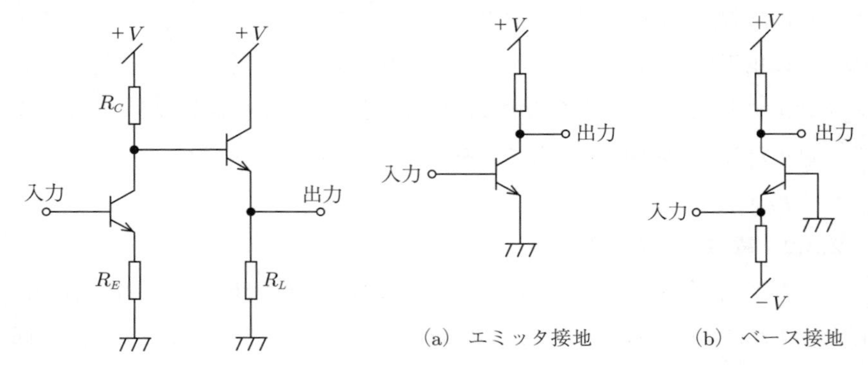

図 2.12　基本的なアンプの構成

図 2.13　電圧増幅段の回路例

2.3.3　アンプの基本構成とその種類

一般に，トランジスタを用いたアンプは信号を増幅する電圧増幅段と低負荷の駆動を可能にする電力増幅段の組み合わせでできているが，電圧増幅段については，図 2.12 に示した回路以外にも何種類か存在する。**図 2.13**（a）に示したように，エミッタに取りつけてある抵抗を取り去り，ベース入力でコレクタ出力としたアンプ（エミッタ接地アンプ）や，図（b）のようにベースを一定電圧に固定してエミッタ側から入力し，コレクタから出力するもの（ベース接地アンプ）などがその例であり，使用目的によって選択する。

なお，ここで取りあげたアンプは電圧増幅段の数が一つであるので，1 段アンプと呼ぶ。もちろん 2 段アンプ，3 段アンプも存在するが，検出器用プリアンプ（p.90 参照）に限っては 1 段アンプが最も多く使用されている。

† 電力増幅段は性能に，フォロワは形態に注目した名称である。本書では，同一の回路を指す。

2.3.4 バイアスと負荷線

ベース電圧を信号増幅に都合のよい適当な電圧に保つことを「トランジスタに**バイアス**（bias）をかける」という。最も単純には，**図 2.14** に示されるように，二つの抵抗（R_1，R_2）を使って電源電圧を分圧すればよい。それではどのような電圧設定が好ましいのだろうか？　このことを考える前に，**負荷線**（load line）と呼ばれる概念を導入しよう。図に示されるように，トランジスタにはコレクタ抵抗 R_C とエミッタ抵抗 R_E が接続されているとし，また電源電圧は V_{CC} であるとする。もしコレクタ電流がまったく流れていない状況ならば，コレクタ・エミッタ間電圧 V_{CE} は V_{CC} に等しい（M_1）。逆に大電流が流れて $V_{CE} \simeq 0$ となれば，これ以上電流は流れない。このことより，最大のコレクタ電流は $I_C^{(max)} = \dfrac{V_{CC}}{R_C + R_E}$ となることがわかる（M_2）。**図 2.15** に示すように，負荷線とは I_C-V_{CE} 図においてこれらの 2 点（M_1 と M_2）を結んだ直線である。I_C や V_{CE} は入力電圧 V_B に依存してさまざまに変化するが，必ずこの直線上を変化する。

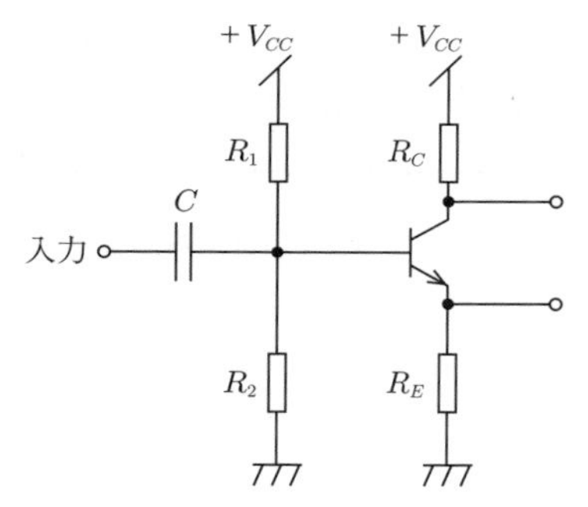

図 2.14　二つの抵抗によるバイアス例

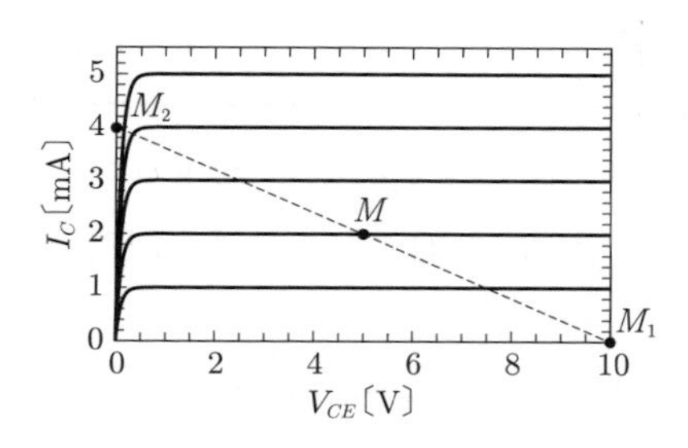

図 2.15　負荷線の例（$V_{CC} = 10\,\mathrm{V}$）

このとき，バイアス電圧は動作点が負荷線の中間あたり（図中の点 M）になるよう設定することが望ましい。増幅したい信号は通常正負両方向に変化するが，動作点をこのように選べば振幅変化の許容幅を最大にすることができるからである。以上のことを指針にしてバイアス電圧設定の基本的道筋を示そう。まず電源電圧が与えられていると仮定し，ここではこれを $V_{CC} = 10\,\mathrm{V}$ とする。つぎに，動作点 M におけるコレクタ電流を決定する。通常数 mA にとることが多いが，ここではこれを $I_C^{(0)} = 2\,\mathrm{mA}$ とする[†1]。動作点 M は中点であるので，コレクタ最大電流は $I_C^{(max)} = \dfrac{V_{CC}}{R_C + R_E} = 4\,\mathrm{mA}$ と与えられる（図 2.15 参照）。したがって二つの抵抗の和は，$R_C + R_E = 2.5\,\mathrm{k\Omega}$ と定まる。さらに増幅率を $\dfrac{R_C}{R_E} = 4$ ととれば[†2] $R_E = 0.5\,\mathrm{k\Omega}$, $R_C = 2\,\mathrm{k\Omega}$ が得られる。そうすると，エミッタ電圧 $V_E^{(0)} = R_E I_C^{(0)} = 1\,\mathrm{V}$ と定まり，ベース電圧 $V_B^{(0)} = V_E^{(0)} + 0.7\,\mathrm{V} = 1.7\,\mathrm{V}$ と決まる。最後に R_1 と R_2 を定めよう。R_1 と R_2 は $V_B^{(0)} = 1.7\,\mathrm{V}$ を満たす必要があるが，じつをいうとこの条件のみからこれらの抵抗の値を一意的に定めることはできない。このためバイアス回路に流れる電流が $I_{bias} = I_C^{(0)}/10$ となるという補助条件[†3]を課そう。これらの条件より $R_1 = 41.5\,\mathrm{k\Omega}$, $R_2 = 8.5\,\mathrm{k\Omega}$ が得られるが，実際には市場に販売されている抵抗の中から，これらの値に近いものを選ぶことになる。ちなみにベース電圧を上下させる方法として，ベース端子にキャパシタを取りつけ，これを介して信号を入力することも可能であることに注意されたい（AC 結合と呼ばれる）。

2.4 トランジスタのより詳しい特性

この節では再度 NPN 型トランジスタを例にとって，その電気的特性や温度特性，あるいはそれらによる回路の性能に対する影響をより詳しく考察する。

2.4.1 電流増幅率

図 2.5 において，トランジスタの簡単な等価回路を提示した。トランジスタのベース・エミッタ間電圧が一定のしきい値を超えると，コレクタ・エミッタ間の電流源が働き出すというものであり，特にベースに流れる電流は無視できる

[†1] I_C の右肩に付された記号 (0) は，動作点 M における値を表す。

[†2] ダイナミックレンジの観点から，これをむやみに大きくすることはできない（問 8. 参照）。

[†3] 次ページで説明するように，わずかながらベースからエミッタに向けて電流が流れる。$I_{bias} = I_C^{(0)}/10$ とする条件は，バイアス抵抗に流れる電流がベース電流より十分大きいことを保証する。この条件はいうまでもなく一つの目安である。

ほど小さいと仮定した。しかし，実際にはわずかではあるがベース電流も流れ，ベース電流はコレクタ電流にほぼ比例することが知られている。その比は**電流増幅率**（current amplification factor, h_{fe}）と呼ばれ

$$h_{fe} \equiv \frac{I_C}{I_B} \tag{2.5}$$

と定義される[†1]。h_{fe} の値はトランジスタの種類や構造により大きく変わる[†2]。実際には 20〜4 000 程度の範囲にあることが多いが，典型的な値として 100 をとっておけばよいだろう。再度図 2.6 を参照されたい。これまで，この図はコレクタ電流 I_C がベース・エミッタ電圧 V_{BE} に依存して変化することを示すと理解してきた。しかし式 (2.5) を考慮すると，I_C はベース電流 I_B に依存して変化するとみなすことも可能である。ちなみに，図 2.6 は $h_{fe} = 100$ の場合における I_C と I_B の関係を示している。

2.4.2 エミッタ抵抗

さて，式 (2.3) に再度注目しよう。エミッタ・ベース電圧の値をある値 ($V_{BE}^{(0)}$) を起点に少しだけ変化させた（$V_{BE} = V_{BE}^{(0)} + \Delta V_{BE}$）とすると，この変化によるエミッタ電流の変化は式 (2.3) を微分することによって得られ

$$\begin{aligned} \Delta I_E &= \frac{dI_E}{dV_{BE}} \Delta V_{BE} \simeq \frac{I_E^{(0)}}{V_T} \Delta V_{BE} = \frac{1}{r_e} \Delta V_{BE} \\ r_e &\equiv \frac{V_T}{I_E} = \frac{k_B T}{q I_E} \simeq \frac{25\,\mathrm{mV}}{I_E} \end{aligned} \tag{2.6}$$

と与えられる。一般に，電圧と電流の比は抵抗の次元をもつ量であるが，上式はエミッタには抵抗（r_e）がついていると考えてよいことを示している。ただし，この抵抗はエミッタ電流に反比例し，1 mA 流せばおよそ 25 Ω となる。

---

†1 交流成分と直流成分の増幅率を区別して取り扱う教科書もあるが，その差はわずかであることから本書ではどちらも h_{fe} で表し，区別せずに用いる。

†2 これ以外のパラメータ（V_T や V_{th} 等）は物理の基本的な現象から起こっているものであり，したがってトランジスタの種類にほとんどよらず一定である。

2.4.3 アーリー効果

2.2 節で提示したトランジスタ等価回路（図 2.5 参照）では，コレクタ・エミッタ間に存在する電流源は理想電源として取り扱った。この場合コレクタ電流 I_C は，図 2.6 に示したように，コレクタ・エミッタ間電圧 V_{CE} に依存しない。しかし現実にはわずかではあるが**アーリー効果**（Early effect†）と呼ばれる効果により，V_{CE} に依存することが知られている。この効果はトランジスタは理想電源ではなく，それに並列抵抗が付随したものであることを示唆する。

さて，**図 2.16** はこの効果を含む場合（より実際のトランジスタに近い場合）のコレクタ電流 I_C を表しており，ベース電流 I_B が一定にもかかわらず I_C はほんの少し右肩上がりの直線状になることがわかる。これらの直線を仮想的に左下へ延長し，$I_C = 0$ の線と交わる電圧を求めると，I_B にほぼ依存せず一定の値をとることが知られている（**図 2.17** 参照）。この電圧をアーリー電圧（V_A）と呼び，ほぼ $V_A = 100\,\mathrm{V}$ である（$I_C = 0$ の線とは $-V_A$ で交わる）。また，図 2.17 からもわかるように，コレクタ電流の傾き $\dfrac{dI_C}{dV_{CE}}$ はおおむね $\dfrac{I_C}{V_A}$ で与えられる。この逆数は抵抗の次元をもつのでこれを R_A と記すと

$$R_A \equiv \frac{V_A}{I_C} = \frac{dV_{CE}}{dI_C} \tag{2.7}$$

と与えられ，等価抵抗 R_A の値は $I_C = 1\,\mathrm{mA}$ ならば $100\,\mathrm{k\Omega}$ になる。コレクタ電流がコレクタ電圧に依存するということは，抵抗がコレクタ・エミッタ間に

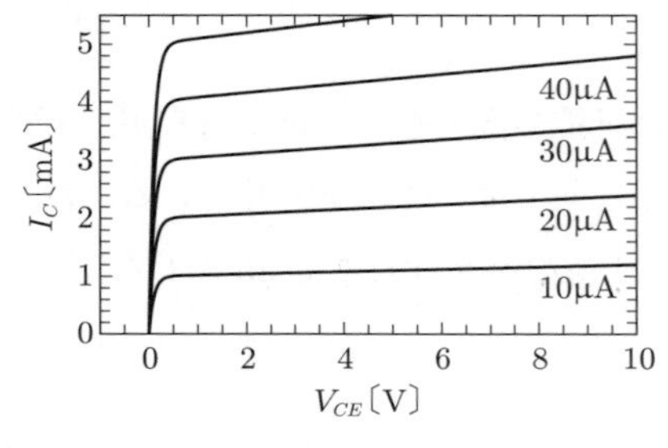

図 2.16　トランジスタのアーリー効果（縦軸 I_C，横軸 V_{CE}）

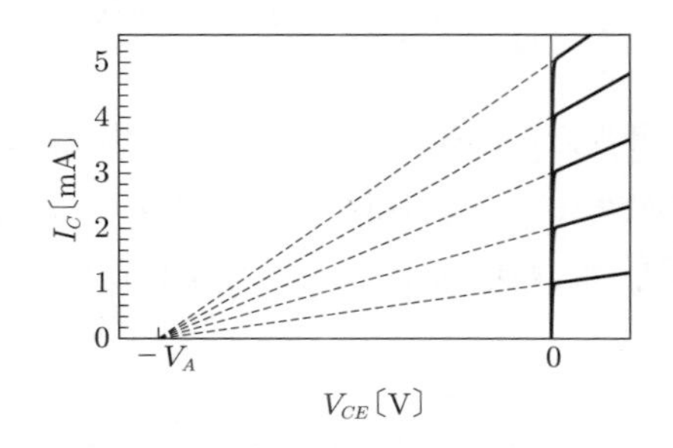

図 2.17　トランジスタのアーリー電圧 V_A（縦軸 I_C，横軸 V_{CE}）

† Early は人名である。

存在する電流源と並列に接続されていることと等価である（図 1.17（b）参照）。なお，アーリー電圧が大きければ大きいほど理想電源に近づくが，この値は最近の小信号高周波用トランジスタではかなり小さくなっている。

2.4.4 温度依存性

図 2.4 で提示した回路を再度用いて，今回は周囲温度を変えながら各端子に印加される電圧と電流の関係を測定しよう。**図 2.18** はその結果であり，縦軸（対数目盛）にコレクタ電流（I_C）を，横軸にベース・エミッタ間の電圧（V_{BE}）をプロットしている。対数目盛ですべてのデータが直線状であることから，I_C と V_{BE} には，V_0 および I_0 を適当な定数として，$I_C \simeq I_0 \exp(V_{BE}/V_0)$ の関係式が成り立っていることがわかる。図から V_0 を見積もってみると $V_0 \simeq 25\,\mathrm{mV}$ が得られる。また比例係数の I_0 については，温度が高くなると大きくなることがわかる。図の結果からだけでは判断できないが，式（2.3）で示した式 $I_E = I_s\left(e^{V_{BE}/V_T} - 1\right)$ が成り立つことが知られている。そこで，以下では記号として，I_0（V_0）ではなく I_s（V_T）を用いてみよう。この測定範囲では温度依存性は主として I_s の項に起因している。なお，飽和電流 I_s の値はトランジスタによってさまざまであるが，熱電圧 V_T はトランジスタの個性の影響がほとんどないことが知られている。

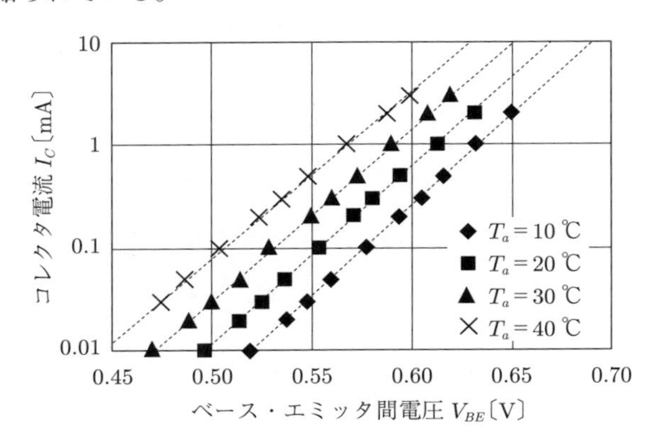

図 2.18 コレクタ電流 I_C の温度依存性（横軸 V_{BE}）

図 2.18 の測定結果がもたらす重要な結論の一つは，トランジスタのしきい値電圧（0.6〜0.7 V）に温度依存性が存在することである。じっさい，図においてコレクタ電流が 1 mA に到達する V_{BE} を見ると，温度が高くなれば値が減少し，その減少割合は約 $-2.1\,\mathrm{mV/^\circ C}$（環境温度依存係数と呼ばれる）であることがわかる。トランジスタ回路の設計において，温度の変化を考慮することは安定な回路を設計するうえできわめて重要である。

問 9. 図 2.18 を基に，$V_0 \simeq 25\,\mathrm{mV}$ であることを確かめよ。

問 10. 図 2.8 で示された回路において，トランジスタ（のみ）の温度が 20°C 上昇したとすると，コレクタ電圧およびコレクタ電流はどう変化するか

2.4.5　端子間寄生容量

すべてのトランジスタは各端子間に，その構造に由来する派生的容量（寄生容量あるいは浮遊容量）をもっている。この容量は，端子間寄生容量と呼ばれ，**図 2.19** の左側に示されるように，ベース・エミッタ間は C_{eb}，コレクタ・エミッタ間は C_{cc}，ベース・コレクタ間は C_{cb}（トランジスタ性能表等には C_{re} と記されることも多い）で表される†。特にベース・コレクタ間の寄生容量 C_{cb} はアンプの入力インピーダンスに寄与するので，高周波特性を議論するときは重要となる。詳細は p.62 のミラー効果の記述を参照されたい。なお，2.6.2 項で説明する電界効果トランジスタにおいても，図の右側に示されるように，同様の端子間寄生容量が存在する。

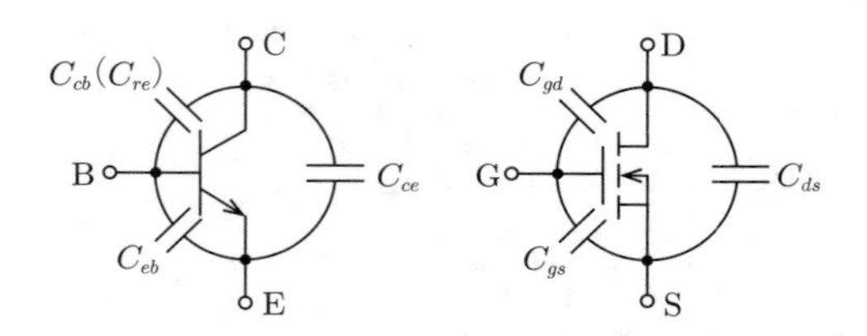

図 2.19　トランジスタの端子間寄生容量

† C_{re} については C_{oss}，C_{rss} あるいは C_c という表記法も存在する。

2.5 基本アンプの入出力インピーダンス

いままで述べてきた知識を基礎に，基本アンプに対する入出力インピーダンスを計算しよう。**図 2.20** は考察の対象とする基本的なアンプである。左側の破線枠内は電圧増幅段，右側は電力増幅段を表す。

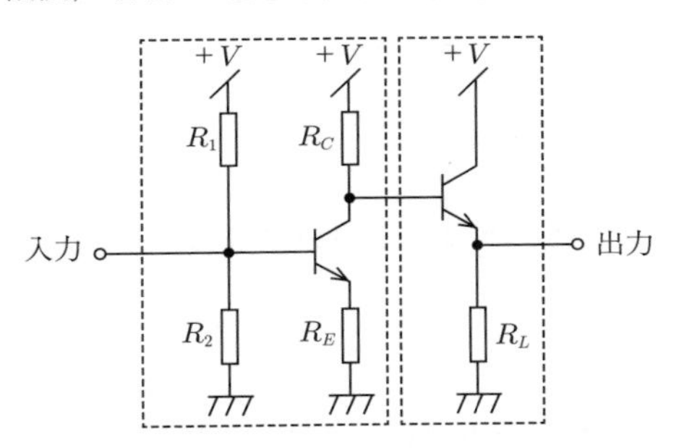

図 2.20 基本的なアンプの回路例

2.5.1 入力インピーダンス

まずは入力インピーダンスから考察しよう。**図 2.21** はこのための等価回路（(a) は電圧増幅段，(b) は電力増幅段）を表す。われわれの興味は変動信号に対する入力インピーダンスにあるので，等価回路においては電源はグランド

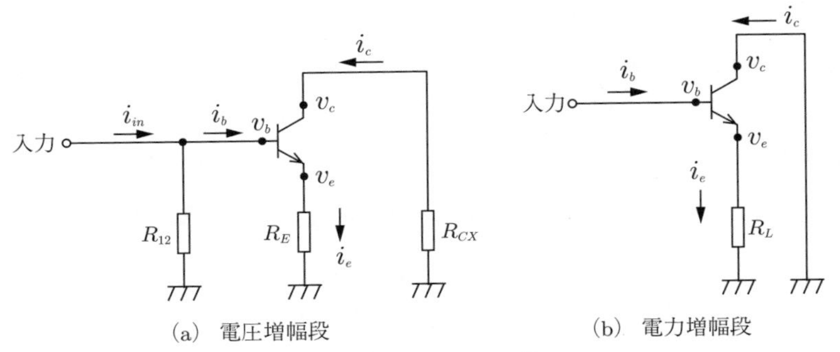

$R_{12} \equiv R_1 /\!/ R_2$, $R_{CX} \equiv R_C /\!/ R_X$

図 2.21 入力インピーダンス考察のための等価回路

と同一視することができる。また，変動量はすべて小文字の記号を用いて表す。例えばベース電流の変動部は $\Delta I_b = i_b$，ベース電圧の変動部は $\Delta V_B = v_b$ などとする。

図 (b) の電力増幅段から考察すると，入力インピーダンスは回路の入力点における電圧と電流の比である。図 (b) を見ると，入力端に流れる電流は i_b，電圧は v_b であることがわかり，$Z_{in} = \dfrac{v_b}{i_b}$ を求めればよいことが判明する。さて，電流増幅率の定義（式 (2.5)）より

$$i_b = \frac{i_c}{h_{fe}} \tag{2.8}$$

と表すことができる。また，エミッタ抵抗の定義（式 (2.6)）より

$$i_e r_e = \Delta V_{BE} = v_b - v_e \tag{2.9}$$

となる。エミッタ電圧は $v_e = i_e R_L$ とも与えられるので

$$v_b = i_e r_e + v_e = (R_L + r_e) i_e = (R_L + r_e)(i_c + i_b) = (R_L + r_e)(h_{fe} + 1) i_b$$

が成り立つ。これより入力インピーダンスは

$$Z_{in} = (h_{fe} + 1)(R_L + r_e) \simeq h_{fe} R_L \quad \text{（電力増幅段）} \tag{2.10}$$

と与えられる。最右辺では $h_{fe} \gg 1$ および $R_L \gg r_e$ が成り立つと仮定した。これより，入力インピーダンスは負荷 R_L の h_{fe} 倍になることがわかる[†1]。なお，電力増幅段の出力部に外部抵抗が接続されている場合，上式の R_L は外部抵抗と R_L の並列合成抵抗に置き換えなければならない。

続いて図 (a) の電圧増幅段を検討しよう[†2]。入力端に流れる電流を i_{in}，かかる電圧を v_b とする。今回の場合，入力電流 i_{in} はベースに流れ込む電流 i_b

---

[†1] 式 (2.11) で示すように同一の事情が電圧増幅段にも成り立つ。一般にトランジスタをベース側から見るとエミッタに接続された抵抗は h_{fe} 倍（典型的には 100 倍）に拡大されて見える，と覚えておくと便利である。

[†2] この等価回路図では回路図を簡素にするため，$R_{12} = R_1 /\!/ R_2$ あるいは $R_{CX} = R_C /\!/ R_X$ などと記している。ただしいまの場合，R_X は次段への入力インピーダンス $R_X = h_{fe} R_L$ である。

とバイアス抵抗 R_{12} に流れ込む電流 $i_{in}-i_b$ とに分流される。これを用いると，ベース電圧やエミッタ電圧は，それぞれ $v_b=(i_{in}-i_b)R_{12}$ あるいは $v_e=R_Ei_e=(h_{fe}+1)R_Ei_b$ と与えられることがわかる。後者はさらに式（2.9）を用い，$v_b=(h_{fe}+1)(R_E+r_e)i_b\simeq(h_{fe}R_E)i_b$ と変形できる。よって入力インピーダンスは

$$\frac{1}{Z_{in}}=\frac{i_{in}}{v_b}=\frac{i_b+i_{in}-i_b}{v_b}\simeq\frac{1}{h_{fe}R_E}+\frac{1}{R_{12}}\quad（電圧増幅段）\quad(2.11)$$

となる。最右辺では $h_{fe}\gg 1$ および $R_E\gg r_e$ が成り立つと仮定した。すなわち，入力インピーダンスは $h_{fe}R_E$ と R_{12} の並列合成インピーダンスである。

2.5.2 出力インピーダンス

図 2.22 は出力インピーダンスを考察するための等価回路である。図中 R_S は注目するアンプ回路の前段として想定される回路の内部インピーダンスを表す†。まずは図 (b) から考察しよう。エミッタおよびベース電圧は，$v_e=R_L(i_{out}+i_e)$ および $v_b=-R_Si_b$ に等しい。また v_e と v_b には式（2.9）の関係が存在する。これらより

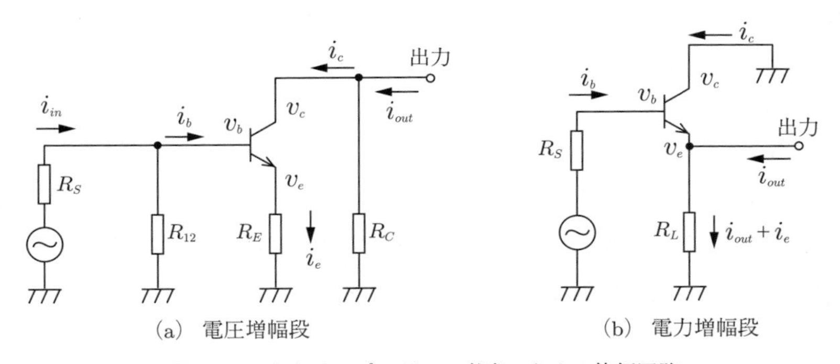

図 2.22 出力インピーダンス考察のための等価回路

† 出力インピーダンスを解析する場合，注目する回路に対する入力源も含めて解析する必要がある。図 2.22 においては，左側に付加された信号源と信号源のもつ内部インピーダンス R_S がそれを代表している。ただし出力インピーダンスの計算においては，信号源はグランドに直結されていると仮定するので R_S だけが重要な役割を果たす。

$$v_e = -i_e r_e + v_b = -i_e r_e - R_S i_b = -i_e \left(r_e + \frac{R_S}{h_{fe}+1} \right)$$

が成り立つ。出力インピーダンスは $Z_{out} = \dfrac{v_e}{i_{out}}$ で定義されるから

$$\frac{1}{Z_{out}} = \frac{i_{out} + i_e - i_e}{v_e} \simeq \frac{1}{R_L} + \frac{1}{r_e + \dfrac{R_S}{h_{fe}}} \quad \text{（電力増幅段）} \tag{2.12}$$

となることがわかる。すなわち R_L と $r_e + \dfrac{R_S}{h_{fe}}$ の並列合成インピーダンスである。また，この場合の R_S は電圧増幅段の出力インピーダンスにほかならない。

つぎに図 (a) を考察しよう。まず出力インピーダンスは $Z_{out} = \dfrac{v_c}{i_{out}}$ と与えられるので

$$\frac{1}{Z_{out}} = \frac{i_{out} - i_c + i_c}{v_c} = \frac{1}{R_C} + \frac{i_c}{v_c} \tag{2.13}$$

となる（$v_c = R_C(i_{out} - i_c)$ が成り立つことを用いた）。右辺第 2 項の $\dfrac{i_c}{v_c}$ はアーリー効果が深く関連する。ここで，式 (2.7) によると

$$i_c R_A = \Delta V_{CE} = v_c - v_e \tag{2.14}$$

が成り立つ。もし v_c の大きさに比べて v_e の大きさが小さく（$|v_c| \gg |v_e|$），$v_e = 0$ とみなせるならば

$$\frac{1}{Z_{out}} = \frac{1}{R_C} + \frac{1}{R_A} \tag{2.15}$$

となり，出力インピーダンスはコレクタ抵抗 R_C とアーリー効果等価抵抗 R_A の並列抵抗に等しい。多くの場合，この近似で十分である。$v_e \neq 0$ である場合の補正については各自考察されたい（問 13. 参照）。

問 11. 図 2.20 に示した回路の出力に 50 Ω の外部負荷を接続した。この回路の電圧増幅率 G はいくらになるか。必要ならばつぎのパラメータを用いよ。

$$R_C = 5\,\mathrm{k\Omega}, \qquad R_E = R_L = 1\,\mathrm{k\Omega}, \qquad h_{fe} = 100, \qquad R_A = 100\,\mathrm{k\Omega}$$

問 12. 図 **2.23** に示したベース接地回路の入力インピーダンスを求めよ。

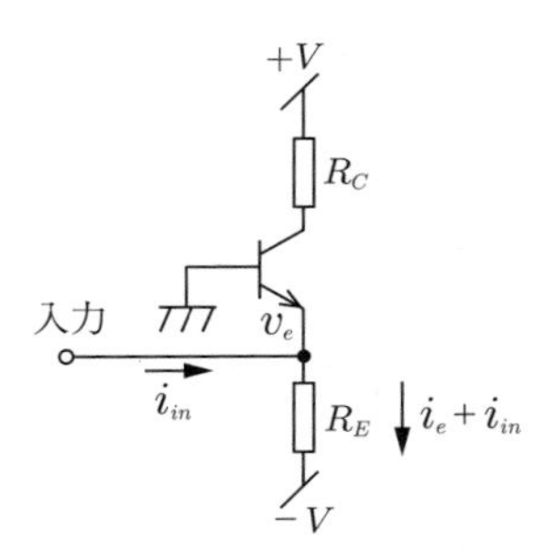

図 **2.23**　ベース接地回路

問 13. 式（2.14）において $v_e \neq 0$ の場合，式（2.15）はどう変化するか。

なお，以上で述べた入出力インピーダンスの解析では，寄生容量の影響は一切考慮しなかった。実際の回路においてはしばしば寄生容量が重要な影響を与える。これらについては 3.3 節で説明を追加しよう。

2.6　そのほかのトランジスタ

本節では NPN 型 BJT 以外のトランジスタについて簡単に説明する。

2.6.1　PNP 型 BJT

PNP 型 BJT は NPN 型の極性を反転したトランジスタである。図 2.4 に示した回路を PNP 型に置き換えるには，すべての電圧をプラスからマイナスへ置き換えればよい。**図 2.24** に示すように，回路図ではトランジスタの矢印を外向きから内向きへと変換し，上下を入れ替えるとわかりやすい。なお動作特性図については，**図 2.25** に示すように，第 1 象限にあるグラフを 180° 回転して第 3 象限へもっていったものとなる。また，NPN 型のエミッタが電流を流し出すことができるのに対して，PNP 型は電流を引き込むことができる。コレクタは逆に電流を流し出すことができ，その抵抗も NPN 型同様，非常に高い。このように PNP 型は NPN 型と動作は同じようであるが電気的に逆の性質をもっ

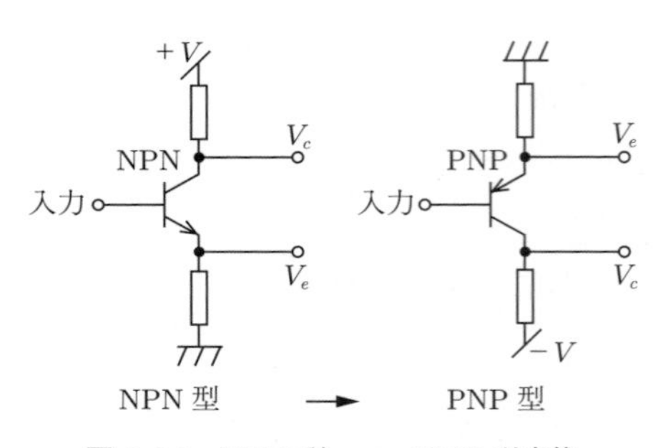

図 **2.24** NPN 型 ―► PNP 型変換

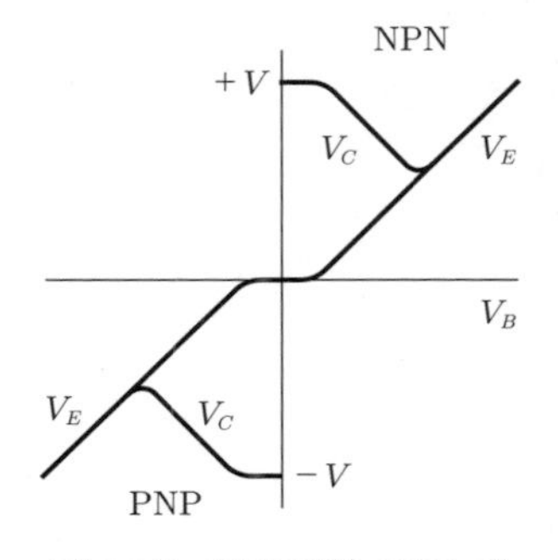

図 **2.25** NPN 型と PNP 型の動作特性比較

ており，これを相補的（コンプリメンタリ）と呼んでいる。そして特に性質の似た NPN 型と PNP 型の一対をコンプリメンタリ・ペアと呼ぶ。NPN 型ではできないことが PNP 型でできたりと，相補い合うペアであることは間違いない。ただし細かく見ると電気的にまったく同じではなく，どちらかといえば NPN 型の性能が高いのである。これはホールと電子の**移動度**（mobility）の違いによるものであるが†，最初はそのような微細な差異について気にする必要はない。

2.6.2 電界効果トランジスタ

電界効果トランジスタ（**FET**，field-effect transistor）はバイポーラトランジスタ（BJT）とはまったく異なる原理で働く半導体素子であるが，機能的に BJT と類似する点が多く，信号の増幅やスイッチングなどの機能を実現することができる。FET には大きく分けて**接合型 FET**（junction FET）と**絶縁型 FET**（metal-oxide-semiconductor FET）の 2 種類があり，それぞれ「JFET」，「MOSFET」と呼ばれる。また，**表 2.1** に示したように BJT とは端子の名前が異なり，FET の**ゲート**（gate，G）がバイポーラのベース（B），**ソース**（source，S）がエミッタ（E），**ドレイン**（drain，D）がコレクタ（C）の役割を果たす。

† p 型半導体の内部では電流が主としてホールにより運ばれる。PNP 型はホールの移動を制御する素子であり，ホールは電子に比べて移動度（すなわち移動速度）が低い。したがって NPN 型より高周波特性が劣りがちである。

表 2.1 本書で使用するトランジスタ

タイプ	しきい電圧	端子名		
BJT	正（$\simeq 0.7$ V）	ベース（B）	エミッタ（E）	コレクタ（C）
JFET	負	ゲート（G）	ソース（S）	ドレイン（D）
MOSFET	正(*)	ゲート（G）	ソース（S）	ドレイン（D）

注記：(*) MOSFET には**エンハンスメントモード**（enhancement mode）と**デプリションモード**（depletion mode）の 2 種類がある。しきい電圧が正なのは前者で，単素子で入手できる MOSFET の大半はこのタイプになる。

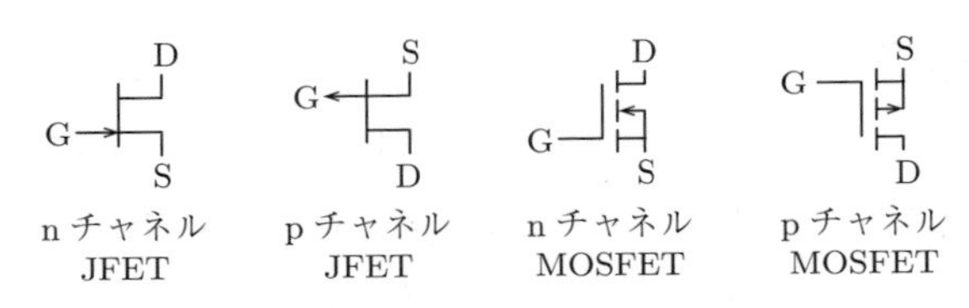

図 2.26 FET の回路記号

FET の回路記号を**図 2.26** に示す。

FET の本体はソースとドレインを結ぶ半導体のチャネル（＝水路）であり，このチャネルを流れる電荷が電子であるかホールであるかによって，n チャネルまたは p チャネルと呼ばれる。ゲート端子に電圧を加えるとチャネル付近の電場が変化して電荷が流れやすくなったり流れにくくなったりする。要するにゲート電圧によってチャネルの実効的な太さをコントロールできるのである。ここで，ゲート「電圧」であって「電流」ではないことが重要である。FET のゲートは BJT のベースと違ってほぼ電流が流れない，つまり入力抵抗が非常に高い。特に MOSFET の場合，ゲートがチャネルから酸化シリコンの層で絶縁されているのでゲート電流は実質的に 0 である。

では，p.30 で行った実験と同様の測定を今度は MOSFET を用いてやってみよう。その結果は**図 2.27** に示されている。この図からわかるように，MOSFET は電圧の低いところでは BJT と同じような振る舞いを示す。またゲート電圧を上昇させていくと BJT と同様，ソース電圧とドレイン電圧が一致する点に至る。しかし MOSFET はゲートからソース，ドレインへの電流の流れ込みがほぼないので，ドレインとソースが同電圧になった時点で，ゲート電圧の上昇と

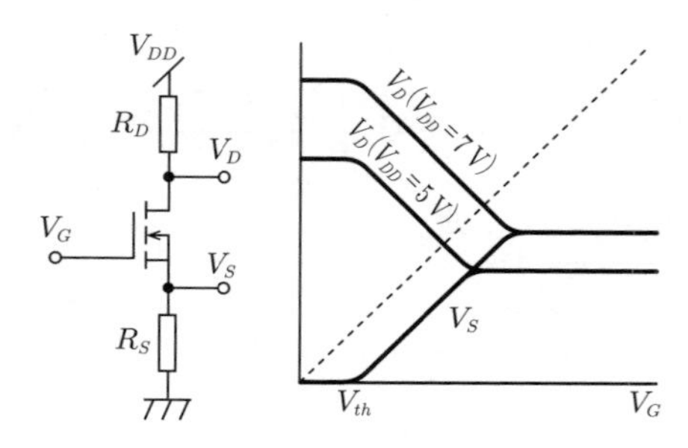

図 **2.27**　MOSFET の動作特性（$R_D = R_S = 1\,\mathrm{k\Omega}$）

は無関係にドレインやソース電圧は一定になる。この点が BJT との相違点である。ドレインやソース電圧が一定値を示すことは「ON 状態」の定義に都合がよい。これが MOSFET がスイッチとして非常によく使われる理由であろう。

図 2.4 と図 2.27 の類似性からもわかるように，MOSFET を用いて BJT と同じような増幅回路を作ることができ，エミッタ接地アンプの代わりにソース接地アンプと呼ばれる。ただ一つ違うのはしきい値電圧（横軸の 0 V の位置）が異なることであり，BJT の 0.7 V に比べて若干大きい（グラフでは右に寄る）。また，同様に JFET を用いてもソース接地アンプを作ることができ，その場合はしきい電圧が負であることを考慮する必要がある。

実際にエミッタ接地アンプを参考にソース接地アンプを設計しようと思うと g_m と V_{th} の値が必要になる。ここで g_m は $g_m = \dfrac{dI_D}{dV_{GS}}$ で定義される値であり，トランスコンダクタンス（あるいは相互コンダクタンス）と呼ばれる。BJT の場合，アンプのゲインは $r_e = (25\,\mathrm{mV})/I_C$ から計算できたが，FET の場合は相当するパラメータが g_m である（実際はその逆数が r_e に相当する）。BJT の r_e はバイアス電流さえ同じならどのトランジスタでも同じだが，FET の g_m は素子によって異なるうえにバイアス電流 I_D によっても変化する。FET の仕様書を見ると g_m の値がその FET の最大値に近い I_D に対して与えられているが，I_D を減らすと g_m も減少することを忘れてはいけない。小信号用の FET の場合，I_D を 10 mA 流しても g_m は数 mS† 程度であり，BJT ならば $I_C = 0.1\,\mathrm{mA}$

† シーメンス（S）はコンダクタンスの単位で $1\,\mathrm{S} = (1\,\Omega)^{-1}$。

程度で同等のゲインを得ることができる。つまり，FET でゲインを確保するにはバイアス電流を大きくとる必要がある。

また，BJT のしきい電圧 V_{th} はどのトランジスタでも約 0.7 V だが，FET の V_{th} は品種差と個体差が大きく一概にいえない。したがって FET アンプは V_{th} の誤差が問題にならないような回路構成で設計しなければならない。FET 入力のオペアンプでは入力の FET ペアを同じシリコン上に隣り合わせで作ることによって，V_{th} を一致させて誤差を打ち消している。

FET をアンプに用いる最大の理由はゲート電流が非常に小さいことである。出力インピーダンスが高い信号源を読み出す必要があるときに，入力電流が 0 に近いことはたいへん便利である。検出器用アンプの雑音の解析については 5 章で述べるが，信号速度があまり速くない場合，FET を用いたアンプは BJT を用いたアンプに比べて遥かに低雑音になる。

なお FET の弱点の一つは，FET の寄生容量が BJT のそれよりも一桁以上大きいことである。小信号用の FET でも入力容量 C_{iss} ($C_{iss} \equiv C_{gs} + C_{gd}$) は 10 pF 程度であるのが普通であり，大電流用の MOSFET では 1 000 pF あるものも珍しくない。したがって非常に高速の信号処理が必要な場合，BJT を使ったアンプに頼らざるを得ない。

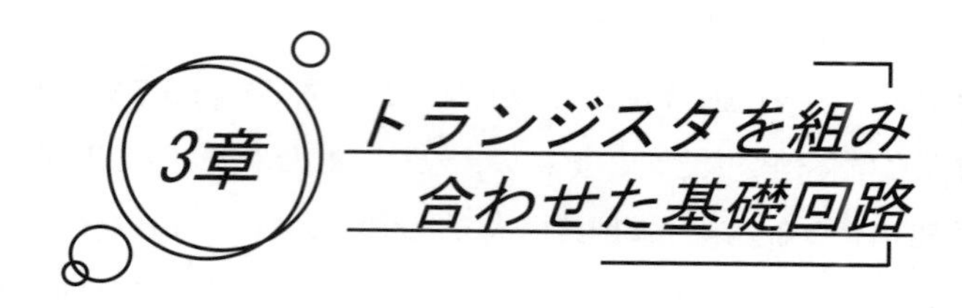

3章 トランジスタを組み合わせた基礎回路

この章では二つ以上のトランジスタを用いる典型的な回路を紹介する。それらの回路は主としてトランジスタのもつ温度係数の影響を緩和するなど，単体では達成できない性能を実現するものが多い。具体的には以下の回路を取り上げる。

3.1　差動アンプ：主として入力段に使用される。

3.2　電流源と電流ミラー：電圧増幅段やバイアスに使用される。

3.3　カスコード接続：電圧増幅段のミラー効果を除去する。

3.4　フォロワとプッシュプル出力回路：アンプの出力段に使用される。

厳密な意味では，カスコード接続は基礎回路とはいえないかもしれない。しかし1段増幅アンプには実質つきもののようになってしまっているので，ミラー効果を含めてあえてここで紹介する。

3.1　差動アンプ

2章で紹介した基本的なアンプは入力端子（ベース）が $V_{BE} \simeq 0.7\,\mathrm{V}$ であるため，そのままではDC結合の回路として使いづらい。ベース・エミッタ間電圧はトランジスタの個体差に加えて温度による変化が大きく，正確な値を想定して回路設計をすることができないのである。無入力時の電圧が正確にわからないのでは，小さなDC信号を発生する検出器（例えば熱電対やひずみゲージなど）を読み出すことは不可能となる。そこで，これを行うことができる差動アンプを使用する。バイポーラトランジスタのパラメータのほとんどが物理現象から決まっているため個体差が原理的に小さいことを利用して，二つのトランジスタを同じ条件（バイアス電流と温度）におき，片方に増幅したい信号を入力して，もう片方を基準電圧（多くの場合 0 V）につないでその電圧差を取り出すようにしたものが差動アンプである。

差動アンプの基本回路を**図 3.1** に示す。二つのトランジスタをベース入力で並べて，エミッタ同士を小さな抵抗 R_E を二つ通してつないだうえで，中間点を大きな抵抗 R_S で負電源 V_{EE} につなぐ。おのおののトランジスタのコレクタは抵抗 R_C で正電源 V_{CC} につなぐ。要は二つのエミッタ接地アンプをエミッタで融合させた形である。アンプの入力は V_{in}^+ と V_{in}^-，出力は V_{out}^+ と V_{out}^- があり，その名が示唆するように，差動アンプの入力信号は対称的に（すなわち $\Delta V_{in}^+ = -\Delta V_{in}^-$）変動すると想定されている。逆に同一方向に変化する入力は，雑音と認識される。エミッタ接地アンプは出力の符号が入力に対して反転するので，V_{in}^+ 側のトランジスタのコレクタが V_{out}^- であることに注意されたい。

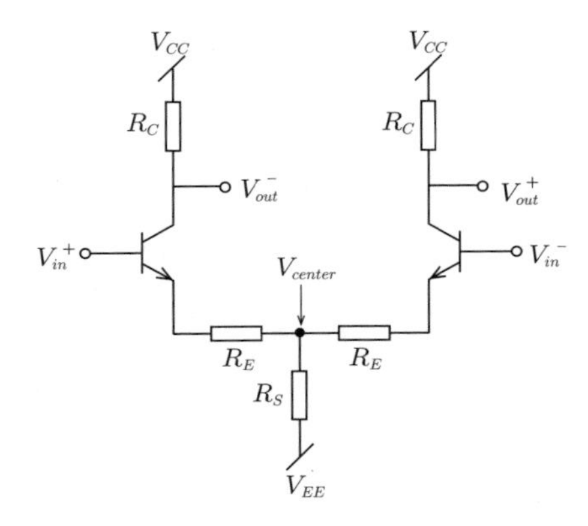

図 3.1 差動アンプの基本回路

まず V_{in}^+ と V_{in}^- を 0 V とおいて，無信号時の電流と電圧を算出してみよう。二つのトランジスタのエミッタ電圧は両方とも -0.7 V となるので，エミッタ電流の和は

$$2I_E^{(0)} = \frac{-0.7\text{V} - V_{EE}}{R_E/2 + R_S} \simeq \frac{-V_{EE}}{R_S} \tag{3.1}$$

となる（$I_E^{(0)}$ の肩の $^{(0)}$ は無信号時の値であることを示す）。トランジスタの h_{fe} が大きいと仮定して $I_C^{(0)} \simeq I_E^{(0)}$ と置くと，コレクタ電圧は

$$V_{out}^{+(0)} = V_{out}^{-(0)} = V_{CC} - R_C \cdot I_C^{(0)} \simeq V_{CC} + \frac{R_C}{2R_S} V_{EE} \tag{3.2}$$

と与えられる。典型的な例として，V_{CC} と V_{EE} を正負対称にとり（$V_{CC} = -V_{EE}$），かつ $R_C = R_S$ と選べば，$V_{out}^{+(0)}$ と $V_{out}^{-(0)}$ は V_{CC} と 0 V の中間になる。

つぎに，入力に小さな差動信号を入れてみる。すなわち

$$V_{in}^{+} = -V_{in}^{-} = \Delta V_{in} \tag{3.3}$$

これによって二つのトランジスタのエミッタ電圧は対称的に変動するが，それに伴いエミッタ電流も対称的に増減すると予想される。したがって抵抗 R_S を流れる電流は $2I_E^{(0)}$ のまま一定であり，二つのトランジスタの I_E は

$$I_{E1} = I_E^{(0)} + \Delta I_E, \quad I_{E2} = I_E^{(0)} - \Delta I_E \tag{3.4}$$

となるはずである。ここで，エミッタ電圧の変動が対称的ならば，図 3.1 に矢印で示した点の電圧 V_{center} は変動しないことに注意されたい。信号が小さいので，各トランジスタについて I_E と V_{BE} の関係は

$$I_E = I_E^{(0)} + \frac{dI_E}{dV_{BE}} \Delta V_{BE} = I_E^{(0)} + \frac{\Delta V_{BE}}{r_e} \tag{3.5}$$

と表せる（式（2.6）参照）。すなわち

$$\Delta V_{BE} = r_e \Delta I_E \tag{3.6}$$

が成り立つ。V_{center} が無信号時と変わらないことを左側のトランジスタに適用して

$$V_{in} - V_{BE} - R_E I_E = 0 - V_{BE}^{(0)} - R_E I_E^{(0)} \tag{3.7}$$

が得られるが，$\Delta V_{BE} = V_{BE} - V_{BE}^{(0)}$ と $\Delta I_E = I_E - I_E^{(0)}$ を用いると

$$V_{in} - \Delta V_{BE} - R_E \Delta I_E = 0 \tag{3.8}$$

となり，式（3.6）を代入して ΔI_E について解くと

$$\Delta I_E = \frac{V_{in}}{r_e + R_E} \tag{3.9}$$

となる。これがコレクタ電流の変化になるので，出力電圧は

$$V_{out}^{+} = V_{out}^{+(0)} + R_C \Delta I_E = V_{out}^{+(0)} + \frac{R_C}{r_e + R_E} V_{in} \tag{3.10}$$

$$V_{out}^{-} = V_{out}^{-(0)} - R_C \Delta I_E = V_{out}^{-(0)} - \frac{R_C}{r_e + R_E} V_{in} \tag{3.11}$$

と与えられる。これにより出力信号変動部の大きさとして

$$\Delta V_{out} = \frac{R_C}{r_e + R_E} V_{in} = G_{dif} V_{in} \tag{3.12}$$

が得られる。なお，G_{dif} を小信号差動利得と呼ぶ。

図 3.2 (a) にこの回路の差動入力に対する応答を示す。小さな V_{in} に対しては V_{out}^{+} と V_{out}^{-} はそれぞれ傾斜 $\pm G_{dif}$ の直線上を移動する。そして，$|V_{in}|$ が大きくなると片方のトランジスタのコレクタ電圧がエミッタ電圧にくっついて飽和状態となり，$|V_{in}| - 0.7\,\mathrm{V}$ で上昇していくのである。

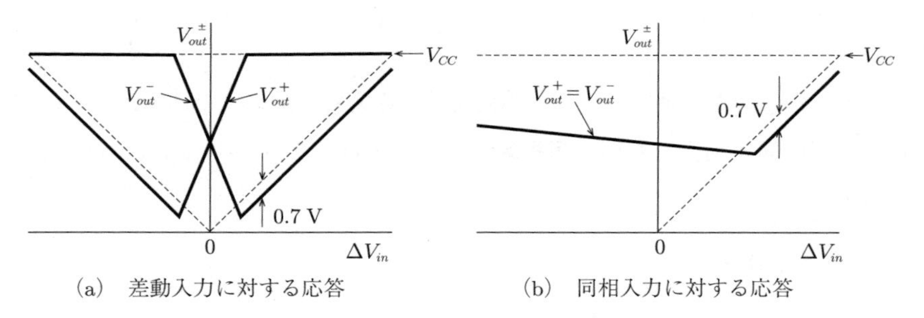

(a)　差動入力に対する応答　　　(b)　同相入力に対する応答

図 3.2　差動アンプの差動入力に対する応答と同相入力に対する応答

今度は両方の入力をつないで同相信号を入れてみる。すなわち

$$V_{in}^{+} = V_{in}^{-} = V_{in} \tag{3.13}$$

である。この場合，二つのトランジスタは対称性を保ったまま電圧が上昇／下降することになる。エミッタ電流の和は

$$2I_E = \frac{V_{in} - 0.7\text{V} - V_{EE}}{R_E/2 + R_S} \tag{3.14}$$

となるので，$I_E^{(0)}$ からの変化分 ΔI_E は

$$\Delta I_E \equiv I_E - I_E^{(0)} = \frac{1}{2}\frac{V_{in}}{R_E/2 + R_S} \simeq \frac{V_{in}}{2R_S} \tag{3.15}$$

であり，小信号同相利得 G_{cmn} を定義すると

$$G_{cmn} \simeq \frac{R_C}{2R_S} \tag{3.16}$$

となる。図（b）に同相入力に対するこの回路の応答を示す。同相入力電圧 V_{in} が小さいときは V_{out}^{+} と V_{out}^{-} が同時にゆっくりと下がっていくが，V_{in} が大きくなってコレクタ電圧がベース電圧よりも 0.7 V 下になると両方のトランジスタが飽和状態になる。なお，V_{in} が負に向かうときにはコレクタ電圧は上昇するので飽和状態は起こらないことに注意されたい。

問 1. 図 3.1 の差動アンプの反転入力 V_{in}^{-} を接地（すなわち 0 V に固定）した場合の，非反転入力 V_{in}^{+} に対する出力電圧 V_{out}^{+} と V_{out}^{-} の反応をグラフにせよ。

さて，理想的な差動アンプは差動入力にのみ応答するべきであるが，この回路は有限の同相利得をもつ。**同相除去比**（CMRR，common mode rejection ratio）は

$$\text{CMRR} = \frac{G_{dif}}{G_{cmn}} \tag{3.17}$$

で定義され，もちろん高ければ高いほどよい。上の回路では

$$\frac{G_{dif}}{G_{cmn}} \simeq \frac{2R_S}{r_e + R_E} \tag{3.18}$$

なので同相除去比を上げるには R_S を大きくする必要がある。しかし R_S を大きくすると（電源電圧を同時に大きくしない限り）バイアス電流 I_E が小さくなって r_e が大きくなり，結果的に同相除去比は改善できない。この理由は差動アンプの電流を決めているのが抵抗であるからで，これは 3.2 節で紹介する定電流源を使うことによって解決できる。

差動アンプは多くのオペアンプや電圧比較器（voltage comparator）の入力段に使用されている。

3.2 電流源と電流ミラー

2章でトランジスタのコレクタは電流源とみなせると述べたが，これを利用すれば図 **3.3**（a）に示した回路で定電流を得ることができるように思われる。トランジスタのベースに抵抗2本を使ってバイアス電圧を $V_B = I_{out}R_E + 0.7\,\mathrm{V}$ となるようにかければ，コレクタ電流が I_{out} に決まるわけである。しかし，ベース電圧を一定とする回路では，トランジスタの温度変化によってコレクタ電流が変化してしまう（2章問10. 参照）。

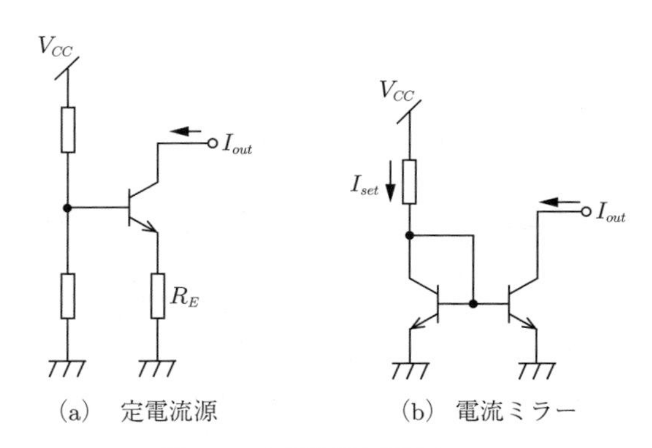

図 3.3　定電流源と電流ミラー

そこで図（b）の回路では，もう一個のトランジスタを使用して V_{BE} の温度特性の影響を抑制するようになっている。左側のトランジスタのコレクタとベースをつないで実質的にダイオードにしたうえで，コレクタ電流 I_{set} を抵抗で決めれば，ベース電圧を共有する右側のトランジスタに同じ電流 $I_{out} = I_{set}$ が流れるわけである。2個のトランジスタは同じ温度で同じ電流を流してあるので，この対称性によって電流を鏡のように映すことができる。このことから，**電流ミラー**（current mirror）という名で呼ばれている。

さて，図（b）の電流ミラーはしばしば実用に供される回路であるが，このままでは不完全な点が二つある。その一つは 2 個のトランジスタのベース電流 I_B が I_{set} から取られるので，I_{out} が I_{set} よりも $2I_B$ だけ大きくなってしまうことである。もう一つは出力側（右側）のトランジスタのコレクタ電圧が変化すると，2.4.3 項で述べたアーリー効果によって出力電流がわずかだが変化すること，つまり出力インピーダンスがあまり高くないことである。

これらの不完全性を改善するには**図 3.4** に示したような回路が考えられる。図（a）の回路では，エミッタに抵抗を取りつけることによってアーリー効果による電流変化を減らしている（V_{BE} の個体差の影響を低減する効果もある）。図（b）の回路では，電流ミラーのトランジスタのベース電流を 3 個目のトランジスタで供給することによって，I_{set} と I_{out} の差を事実上なくしてある。

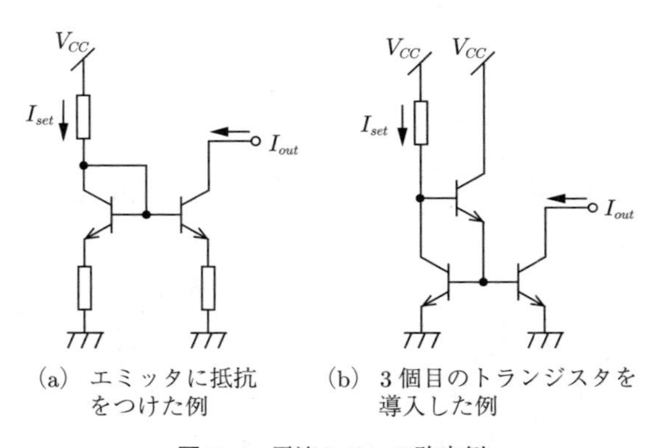

(a) エミッタに抵抗をつけた例　　(b) 3 個目のトランジスタを導入した例

図 3.4　電流ミラーの改良例

問 2. なぜ図（a）のようにエミッタに抵抗を取りつけるとアーリー効果を減ずることができるのか答えよ。

また，前述の電流源の二つの欠点は**図 3.5**（a）に示す**ウィルソンミラー**（Wilson mirror）と呼ばれる回路で同時に解決できる。一見すると右下のトランジスタのベースとコレクタを結んだ線が反対向きのように思われるかもしれないが，これで正しい。出力電流を決めているのは右下のトランジスタであり，そのコ

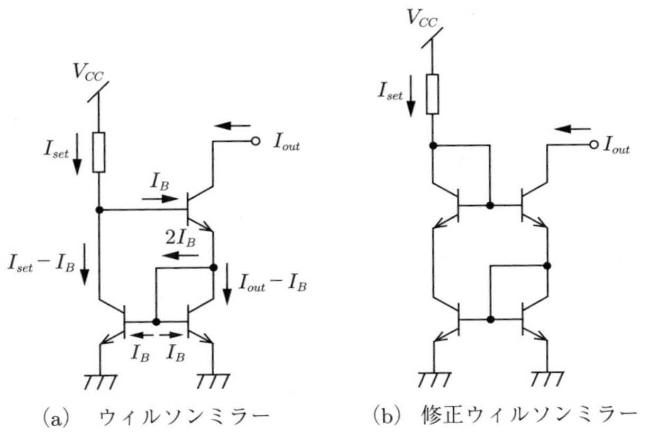

図 3.5　ウィルソンミラーと修正ウィルソンミラー

レクタ電圧が一定（0.7 V）に保たれているためアーリー効果は起きない。では，ベース電流はどうなっているかというと，抵抗の下で左から右に I_B が流れたあと，右上のトランジスタの下で右から中央に $2I_B$ が流れて，そのうち半分が左に，もう半分が右に流れるので，結果的にミラーを構成する 2 個のトランジスタにまったく同じ電流が流れ，I_{set} と I_{out} は等しくなる。

このウィルソンミラーにさらに対称性を向上する修正を加えたのが図（b）の修正ウイルソンミラーである。左上のトランジスタを加えることにより，左下のトランジスタのコレクタ電圧が右下のトランジスタと同じ 0.7 V になってより完全な対称性が得られる。バイポーラトランジスタではこれが最上の電流ミラー回路になる。

問 3.　図（b）の修正ウイルソンミラーにおいて 4 個のトランジスタのベース電流がどのように流れるかを考察し，$I_{set} = I_{out}$ であることを示せ。

加えて，同様の電流ミラー回路を MOSFET を用いて構成することも可能である。MOSFET の場合，アーリー効果とは異なるタイプのドレイン電圧依存性が重要なので，4 素子を用いる修正ウイルソンミラーにすることが一般的である。なお，MOSFET はゲート電流が事実上 0 なので，修正ウイルソンミラーによって下側の FET の対称性を確保すれば，非常に精度のよい電流ミラーを作ることができる。

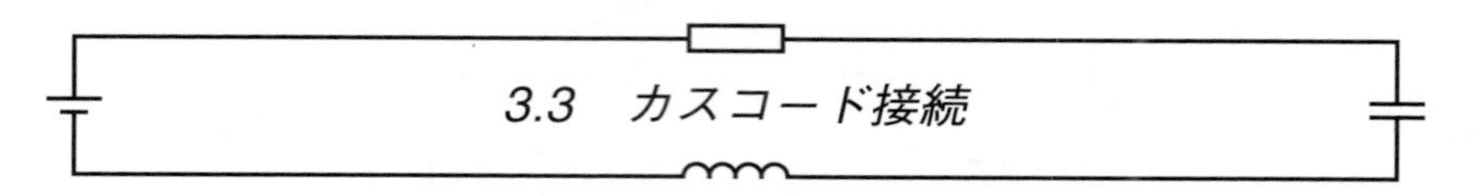

3.3　カスコード接続

2.4.5 項で導入したトランジスタの端子間寄生容量がアンプの性能にどう影響するかを，**図 3.6** でエミッタ接地アンプの電圧増幅段を例にとって考えてみよう。アンプの利得を G とすれば，ベース電圧が ΔV_I 上昇するとコレクタ電圧は $G\Delta V_I$ 下降する。トランジスタのベース・コレクタ間の寄生容量 C_{re} の両端の電圧変化は $(1+G)\Delta V_I$ となるので，C_{re} が保有する電荷は $C_{re}(1+G)\Delta V_I$ 変化しなければならない。ここで入力（ベース）側から見れば，電圧を ΔV_I 上げるのに電荷が $(1+G)C_{re}\Delta V_I$ 必要なので実質的に $(1+G)C_{re}$ の容量があるように見える。利得 G が高ければ高いほどアンプの入力容量が大きく見えるわけである。そして入力信号が高周波の場合，増大した寄生容量の影響は無視できなくなる。特に入力源のインピーダンスが高い場合は，信号が大きな時定数で積分されたようになる。これを**ミラー効果**（Miller effect）と呼ぶ。

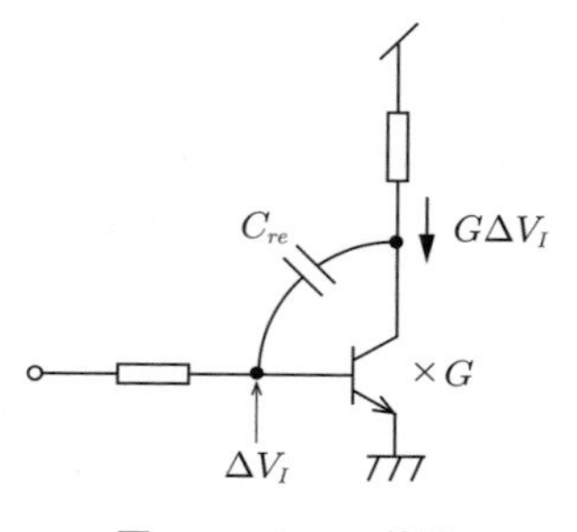

図 3.6　ミラー効果

ただし，ミラー効果は回路設計に不利益を与えるとは限らない。ミラー効果を積極的に利用して積分する回路をミラー積分回路と呼び，オペアンプの位相補償などに使われることが多い。

ミラー効果によってアンプの入力容量が大きくなるのを防ぐために，**図 3.7** (a) のようにトランジスタのコレクタにもう一つベース接地アンプを取りつけた回路を**カスコード**（cascode）**接続**回路という。Q_2 のベース電圧を V_{B2} に設定することによって，Q_1 のコレクタ電圧を $V_{B2} - 0.7\,\mathrm{V}$ に固定し，負荷抵抗の電圧変化を Q_1 から見えないようにしているわけである。この結果，Q_1 のベース・コレクタ間電圧は出力電圧に影響されないので，C_{re} が大きく見えることもない。これによって，入力インピーダンスが容量的になることを防ぎ，高い入力インピーダンスを保つことができるようになる。

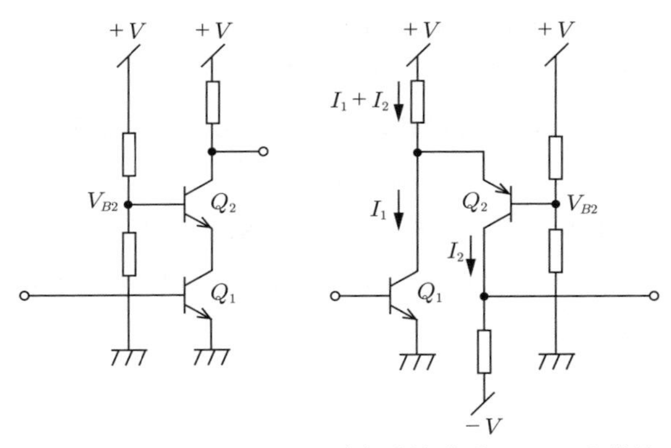

(a) カスコード接続　　(b) 折り曲げカスコード接続

図 3.7 カスコード接続と折り曲げカスコード接続

また，カスコード接続には図 (a) のように同じタイプのトランジスタを二つつなぐものと，図 (b) のように NPN 型と PNP 型を接続するものの二つの接続法がある。後者の接続法は信号方向を折り曲げて極性を反転させるので，**折り曲げカスコード**（folded cascode）**接続**と呼ぶ。折り曲げカスコード接続はアンプのダイナミックレンジを変更し，広げることのできる方法の一つである。

3.4 エミッタフォロワとプッシュプル出力回路

3.4.1 2段エミッタフォロワ

電圧増幅段の出力は 2.3 節で述べたようにインピーダンスが高いので，エミッタフォロワを用いた電力増幅段で出力インピーダンスを下げる必要がある。しかし，エミッタフォロワ単体の入力抵抗は出力側の負荷抵抗の $h_{fe} \simeq 100$ 倍であるので，同軸ケーブル（50〜75 Ω）のようなインピーダンスの小さい負荷を接続する場合，$50\,\Omega \times 100 = 5\,\mathrm{k}\Omega$ の負荷が電圧増幅段にかかって増幅率を低下させかねない（2 章問 11. 参照）。これを回避する方法としては，**図 3.8** のように，エミッタフォロワを 2 段直列に接続して使用する構成が単純かつ効果的である。電圧増幅段から見た出力負荷は $R_L \times (h_{fe})^2$ となり，R_L が小さくても高い電圧増幅率を確保できる。また，図では NPN 型トランジスタを二つ使ったが，バイアス電圧と電源の都合によっては PNP 型トランジスタ（BJT）で設計することもあり得る。

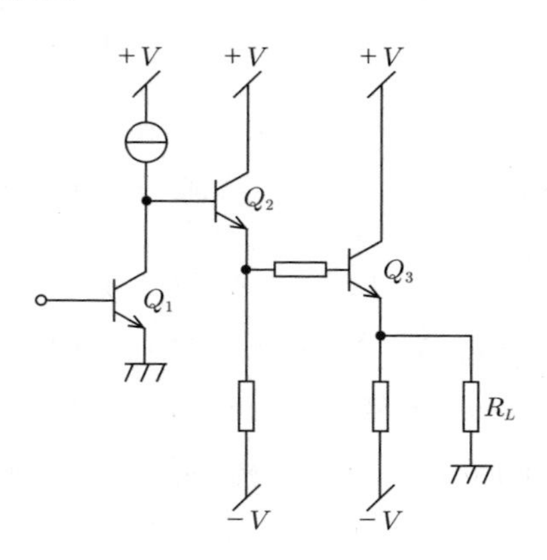

図 **3.8**　エミッタ接地アンプと 2 段エミッタフォロワ

最終トランジスタ Q_3 のバイアス電流は要求される出力インピーダンスと出力電流によって決まる。50 Ω のケーブルを接続する場合には Q_3 にバイアス電

流を $I_{C3} \simeq 3\,\mathrm{mA}$ 程度流して，エミッタ抵抗 $r_e = (25\,\mathrm{mV})/I_{C3}$ がケーブルのインピーダンスより十分小さくなるようにする。Q_2 のバイアス電流は特に大きくする必要はなく，消費電力と，ショット雑音（5.1.3 項参照）の観点から小電流（例えば 0.3 mA 程度）で設計する。

なお，図で Q_2 のエミッタと Q_3 のベースの間に小さい抵抗（10〜100 Ω 程度）が入っていることに注意されたい。この抵抗は必要ないように見えるが，これを省くと Q_3 が高周波発振を起こすことがある。この発振の原理と抵抗が必要な理由については 4.6 節で説明する。ここでは「エミッタフォロワにインピーダンスの低い入力をつなぐときは直列抵抗が必須」と覚えておこう。

3.4.2 プッシュプル出力回路

NPN 型エミッタフォロワを出力段として使用した場合，電流を流し出すことはできても引き込むことはできない。例えば図 3.8 の回路で $I_{C3} = 3\,\mathrm{mA}$，$R_L = 50\,\Omega$ ならば，出力電圧が $-I_{C3}R_L = -150\,\mathrm{mV}$ に達すると Q_3 の電流が 0 になってしまうので，それ以下の電圧は出力できない。最終段を PNP 型エミッタフォロワにした場合はその逆になる。そこで最終段に NPN 型トランジスタと PNP 型トランジスタの二つを並列に組み合わせ，うまくバイアスをかけて使用することで，出力が電流を出したり引いたりできるようになる。そのように組み合わせたものを**プッシュプル出力回路**（push-pull output circuit）という。オペアンプの出力としてよく使用されているほか，オーディオ用としても広く使用されている。ただし計測用のアンプの場合，信号の極性があらかじめ判っていることが多いので，出力信号の正負によって NPN 型か PNP 型のエミッタフォロワを選択することができる。プッシュプル出力回路が採用されるのは，信号が双極性，すなわちいったん正に振れたあと負に振れる波形をもっている場合や，多数の実験に用いる汎用性のある回路を設計する場合に限られる。

プッシュプル出力回路は，動作バイアスにより A 級，AB 級，および B 級に分類される[†]。A 級プッシュプル出力回路は PNP 型と NPN 型のエミッタフォロワに無信号時でも十分なバイアス電流を流しておくことによって，最大振幅の信号を出力してもどちらのトランジスタも OFF にならないようにしたものである。両方のトランジスタが常時 ON なのでひずみの小さい，線形性のよい増幅ができ，そのため高級オーディオ装置に昔からよく使用されている。一方で，消費電力が非常に大きいという欠点がある。

B 級プッシュプル出力回路は**図 3.9** (a) に示すように，NPN 型と PNP 型トランジスタのベース同士をつないで入力を入れ，さらに，エミッタ同士をつないで出力にしたものである。NPN 型は $V_{in} > 0.7\,\mathrm{V}$，PNP 型は $V_{in} < -0.7\,\mathrm{V}$ でそれぞれ動作状態になるので，0 V 付近で図 (c) に示すような非線形性が出る。負荷が大きいときは特に非線形性が強くなり，そのため線形回路に使用するのは難しい。しかし回路は単純であるので，あまり線形性や速度を求めないモータドライバやコイルドライバ，さまざまなロジックドライバなどに使用される。

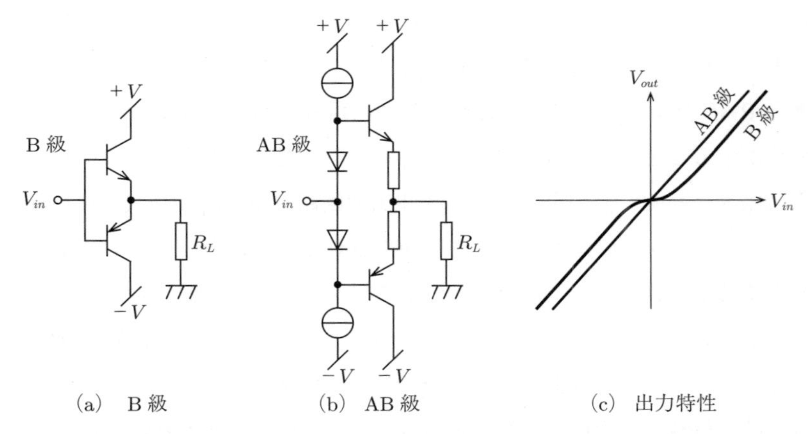

図 3.9　B 級，AB 級のプッシュプル出力回路とその出力特性

---

† アンプの出力のタイプとしては C 級や D 級と呼ばれるものもあるが，これらはプッシュプルではなく主として MOSFET を利用したスイッチング回路であるため，ここでは触れない。

A 級は消費電力が大きく，B 級は非線形である。そこで，両方のよいところだけを取り出そうとしたのが図 (b) に示す AB 級プッシュプル出力回路であり，計測にはこのタイプのものが最も向いている。B 級の非線形性の原因は $V_{in} \simeq 0\,\mathrm{V}$ で二つの出力トランジスタが両方ともオフになってしまうことにある。そこで AB 級プッシュプル出力回路では $V_{in} = 0\,\mathrm{V}$ のときにも二つのトランジスタが ON になるよう，NPN 型と PNP 型のベース間にダイオードを二つ直列につないだものを挟んで電流を流してある。この結果，両方のトランジスタにそれぞれ $V_{BE} = \pm 0.7\,\mathrm{V}$ がかかって，無信号時でもトランジスタに少量のバイアス電流が流れる。なお，エミッタの間には電流制限用に小さな抵抗（$10\,\Omega$ 程度）を入れておく必要がある。信号を加えると，出力電流がトランジスタのバイアス電流以内であるときは A 級動作をし，それを超えるような電流になると片方のトランジスタがオフになり，B 級動作になる。

AB 級プッシュプル出力回路では，バイアスをかけるためのダイオードを熱的にトランジスタに接続し，消費電力に応じたヒートシンクを取りつけることが重要である。さもないと温度上昇によって V_{BE} が低下し，それによりさらにトランジスタの消費電力が増加して，さらなる V_{BE} の低下を招き，最終的には焼損する可能性がある。これを**熱暴走**（thermal runaway）と呼ぶ。

3.5　応用：5 倍差動アンプ

本章で紹介した基本回路を組み合わせて，簡単な増幅率 5 倍の差動アンプを設計してみよう。回路構成は**図 3.10** に示すように，差動増幅段，エミッタフォロワとプッシュプル出力回路からなる。電源は $\pm 6\,\mathrm{V}$ と仮定をして，差動アンプを構成するトランジスタ Q_1 と Q_2 にそれぞれ $1\,\mathrm{mA}$ ずつ電流を流すようにしてみよう。それらのバイアス電流は Q_6 と Q_7 の電流ミラーで供給する。Q_6 のコレクタにつながる抵抗は $(6\,\mathrm{V} - 0.7\,\mathrm{V})/2\,\mathrm{mA} = 2.65\,\mathrm{k\Omega}$ と決まる。また，差動アンプの出力（Q_2 のコレクタ）は $0\,\mathrm{V}$ から $+6\,\mathrm{V}$ まで振ることができるので，ゼロ入力のときに $+3\,\mathrm{V}$ となるように設計すればダイナミックレンジを

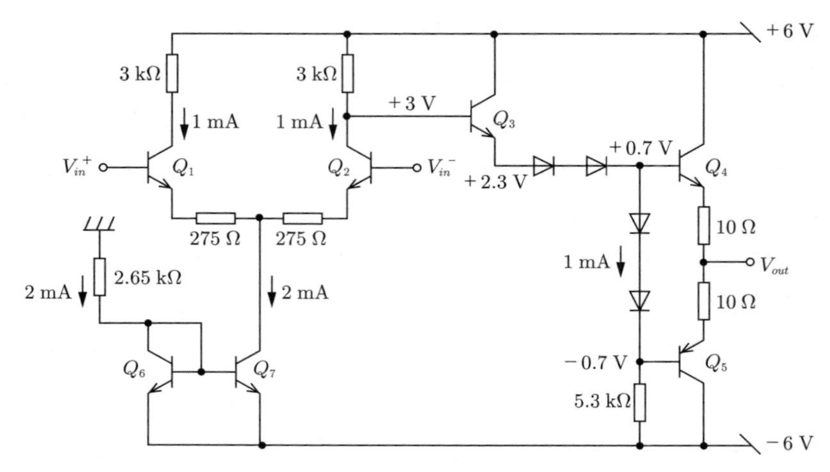

図 **3.10**　簡単な 5 倍差動アンプ

最大限にとることができるが，そのためにはコレクタ抵抗は 3 kΩ を取りつける必要がある。差動アンプのゲインは $\dfrac{R_C}{2(R_E + r_e)}$ なので，5 倍のアンプを作るには $R_E + r_e = 300\,\Omega$ とすればよい。1 mA のバイアス電流に対して r_e はおよそ 25 Ω なので，$R_E = 275\,\Omega$ となる。そして，電圧増幅された信号は Q_3 のエミッタフォロワで受けて，Q_4 と Q_5 からなる AB 級プッシュプル回路の出力段へつなぐ。ゼロ入力のときに出力電圧 V_{out} が 0 V に近くなるようにするには Q_4 のベース電圧を 0.7 V に設定する必要があり，Q_3 のエミッタ電圧は $3\,\text{V} - 0.7\,\text{V} = 2.3\,\text{V}$ なので，$2.3\,\text{V} - 0.7\,\text{V} = 1.6\,\text{V}$ だけ電圧を下げたい。これを Q_3 と Q_4 の間にダイオードを二つ挿入することによって実現する。Q_3 から 4 個のダイオードを通って流れるバイアス電流は，右下隅の 5.3 kΩ の抵抗によって 1 mA に設定する。

この差動アンプの増幅率は，R_E を 275 Ω から小さくすることによって大きくすることができる。最大の増幅率は $R_E = 0\,\Omega$ で得られ，$3\,\text{k}\Omega/(2r_e) = 60$ となる。より大きな増幅率が必要な場合には，Q_2 のコレクタ抵抗を電流源で置き換える必要がある。4 章では，そのような高利得差動アンプの設計と使用方法を検討する。

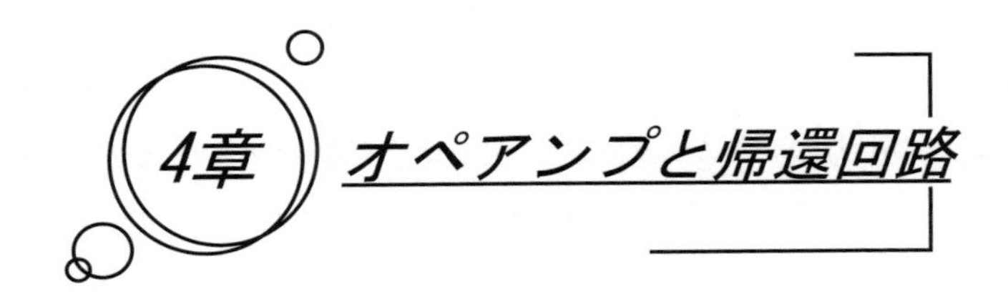

4章 オペアンプと帰還回路

本章では実用的なトランジスタ増幅回路の根幹である**オペアンプ**（operational amplifier，演算増幅器とも呼ぶ）を紹介し，その特性と使用法を説明する。オペアンプは一口でいえば非常に高利得（10^5 程度）の差動アンプである。回路記号を図 **4.1** に示す。

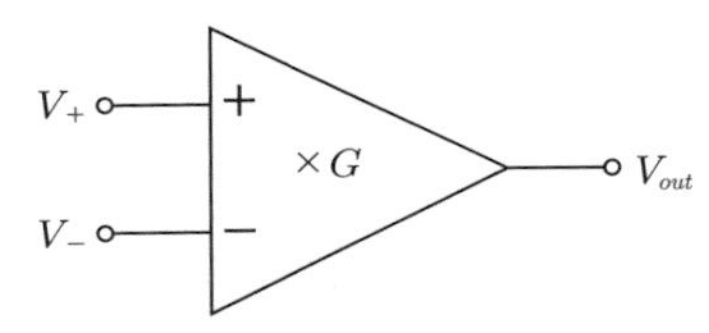

図 4.1　オペアンプの回路記号

入力に対して出力が同相に出てくるほうを非反転入力（+ 入力），逆相に出てくるほうを反転入力（− 入力）と呼ぶ。出力電圧は非反転入力と反転入力の電圧差によって

$$V_{out} = G_{open}(V_+ - V_-) \tag{4.1}$$

で与えられる。ここで G_{open} はオペアンプ単体，すなわち負帰還がかかっていないときの増幅率であって，**オープンループ利得**（open-loop gain）と呼ばれる。

オペアンプの特性でもう一つ大切なことは，入力インピーダンスが非常に大きく，入力端子には電流がほとんど流れないことである。4.1 節で説明する負帰還回路の動作には，オープンループ利得が非常に高いことと入力インピーダンスが非常に大きいことの両方が必要になる。

4.1 負帰還回路

差動アンプの出力の一部が反転入力に戻るように結合された回路を**負帰還**（ネガティブフィードバック）**回路**（negative feedback circuit）と呼ぶ。オペアンプを使った負帰還回路には，大別して非反転増幅回路と反転増幅回路の 2 種類がある。

4.1.1 非反転増幅回路

差動利得 G_{open} の差動アンプにおいて，**図 4.2** のように出力から抵抗 R_2 を通して反転入力につなぎ，そして反転入力を抵抗 R_1 を通して接地してみよう。非反転入力へ振幅 V_{in} のステップ関数を入力すると何が起こるだろうか？

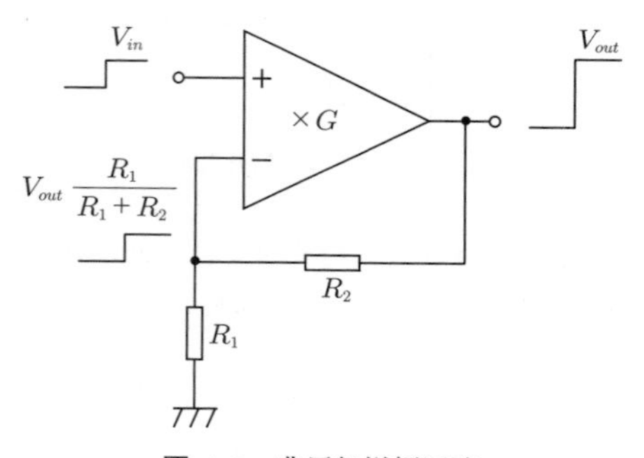

図 4.2　非反転増幅回路

出力電圧を V_{out} とおくと，反転入力の電圧 V_- は

$$V_- = V_{out}\frac{R_1}{R_1 + R_2} \tag{4.2}$$

で表される。式（4.2）を式（4.1）に代入して $V_+ = V_{in}$ とおくと

$$V_{out} = G_{open} \times \left(V_{in} - V_{out}\frac{R_1}{R_1 + R_2}\right) \tag{4.3}$$

が得られる。これを V_{out} について解けば

$$V_{out} = \frac{G_{open}(R_1 + R_2)}{(G_{open} + 1)R_1 + R_2} V_{in} \tag{4.4}$$

が得られるので，図の回路全体の利得は

$$G_{closed} = \frac{V_{out}}{V_{in}} = \frac{G_{open}(R_1 + R_2)}{(G_{open} + 1)R_1 + R_2} \tag{4.5}$$

となる。G_{closed} は負帰還がかかった回路の増幅率であり，クローズドループ利得と呼ばれる。ここで $G_{open} \gg 1$ とおくと，式（4.5）は

$$G_{closed} \simeq \frac{R_1 + R_2}{R_1} \tag{4.6}$$

と近似でき，G_{closed} が R_1 と R_2 の比のみによって決まる。この結果は G_{open} が非常に大きいことを前提としているが，G_{open} の値自体には依存しない点が興味深い。

4.1.2 反転増幅回路

今度は逆に反転入力から信号を入力し，非反転入力を接地しよう。ただし，反転入力には R_1 と R_2 を図 **4.3** のように接続する。

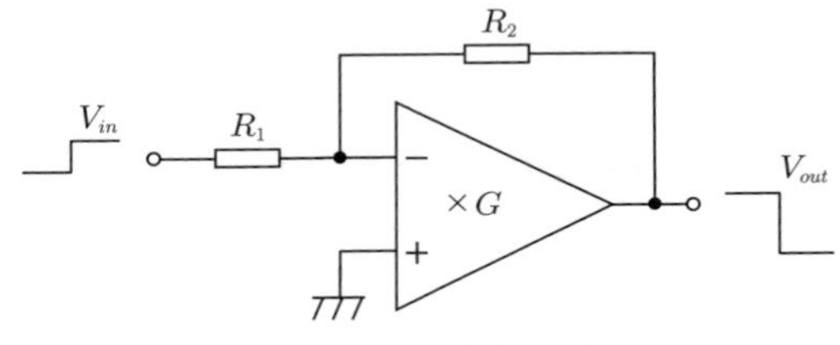

図 **4.3** 反転増幅回路

反転入力は V_{in} と V_{out} を R_1 と R_2 で分割した形になるので

$$\begin{aligned} V_- &= \frac{R_1}{R_1 + R_2}(V_{out} - V_{in}) + V_{in} \\ &= \frac{V_{out}R_1 + V_{in}R_2}{R_1 + R_2} \end{aligned} \tag{4.7}$$

となる。非反転入力は 0 V なので $V_{out} = -G_{open}V_-$ となり，これを V_{out} について解けば

$$V_{out} = -\frac{G_{open}R_2}{(G_{open}+1)R_1+R_2}V_{in} \tag{4.8}$$

が得られる。したがって図 4.3 の回路のクローズドループ利得は

$$G_{closed} = -\frac{G_{open}R_2}{(G_{open}+1)R_1+R_2} \tag{4.9}$$

となり，$G_{open} \gg 1$ とおいたときの近似解は

$$G_{closed} = -\frac{R_2}{R_1} \tag{4.10}$$

で与えられる。この回路は増幅率が負となるので「反転増幅回路」と呼ばれる。それに対して図 4.2 の回路のことは，「非反転増幅回路」と呼ぶ。

反転，非反転いずれの場合にも，G_{open} さえ十分に高ければ G_{closed} は外付け抵抗の比だけで決まるのでたいへん便利である。オペアンプがアナログ回路に多用される理由はここにある。

4.1.3 仮　想　接　地

オペアンプの出力は

$$V_{out} = G_{open}(V_+ - V_-) \tag{4.11}$$

かつ $G_{open} \gg 1$ なので，負帰還のかかった通常の動作時には

$$V_+ \simeq V_- \tag{4.12}$$

でなければならない。例えば図 4.3 の反転増幅器では非反転入力が接地されているので，接地されていない反転入力も $V_- \simeq 0\,\mathrm{V}$ となる。この現象を**仮想接地**（virtual ground）と呼ぶ。

例えば，負帰還回路の動作を解析するときに仮想接地を利用すると便利なことが多い。図 4.3 の場合を例にとると，反転入力が仮想接地で $V_- \simeq 0$ なので，抵抗 R_1 に流れる電流は $\dfrac{V_{in}}{R_1}$ であることが明らかである。差動アンプの入力は高インピーダンス，すなわち入力電流を流さないので，電流 $\dfrac{V_{in}}{R_1}$ が抵抗 R_2 に

流れることになる。したがって出力電圧 V_{out} は V_- よりも $V_{in}\dfrac{R_2}{R_1}$ 低いことになり，クローズドループ利得 $G_{closed} = -\dfrac{R_2}{R_1}$ が得られる。

問 1. 仮想接地の考え方を図 4.2 の非反転増幅回路に適用して，クローズドループ利得を求めよ（なお，この場合は非反転入力が接地されていないが $V_+ \simeq V_-$ は成り立つ。二つの入力があたかも短絡されているかのように振る舞うので「仮想短絡」と呼ぶ）。

仮想接地はあくまでも「あたかも接地されているかのように見える」のであって，実際には負帰還と G_{open} の大きさによって V_- が絶えず 0 V になるように調整されている，ということを忘れてはならない。図 4.3 に示したように V_{in} にステップ信号を入力してオシロスコープで反転入力 V_- を測定すると，信号が入った瞬間にいったん正方向に振れてから 0 V に戻ることが観察できる。

4.2 高オープンループ利得アンプ

オペアンプの有用性はオープンループ利得の高さに依存する。3.5 節で設計した低増幅率差動アンプのオープンループ利得は

$$G_{open} = \frac{R_C}{2(R_E + r_e)} \tag{4.13}$$

であった。利得を高くするために R_E を小さくしても r_e をなくすことはできない。それならばとコレクタ抵抗 R_C を大きくすると，今度はコレクタ電圧が下がりすぎるのを防ぐために I_C を小さくせざるを得ず，結果として $r_e = \dfrac{25\,\mathrm{mV}}{I_C}$ が大きくなってしまうのでやはり利得は高くならない。この状況を打開するために，差動アンプの負荷として抵抗の代わりに電流源を用いることが考えられる。実際には，**図 4.4** のように差動アンプの負荷（図（a））を電流ミラー（図（b））で置き換えた回路が有効である。

図（b）の回路では，無入力時には Q_1 と Q_2 のコレクタ電流が電流ミラーに

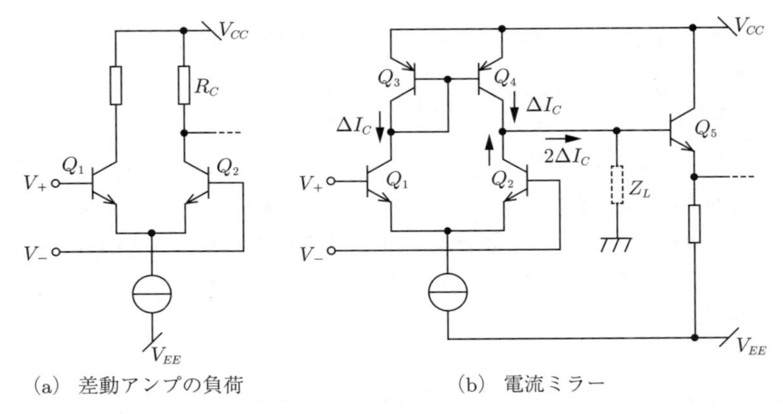

(a)　差動アンプの負荷　　　　(b)　電流ミラー

図 4.4　差動アンプの負荷を電流ミラーで置き換えた回路

よって等しくなっている。ここで差動入力 $\Delta V = V_+ - V_-$ を入れると，Q_1 のコレクタ電流が $\Delta I_C = \dfrac{\Delta V}{2r_e}$ 増加し，Q_2 のコレクタ電流は ΔI_C 減少する。コレクタ電流はいずれも下向きに流れているので，その変化分である信号電流 ΔI_C は Q_1 を下向きに，Q_2 を上向きに流れることに注意しよう。一方，図 (b) の電流ミラーは Q_1 のコレクタ電流を Q_3 から Q_4 にコピーするので，ΔI_C が Q_4 から下向きに流れ出す。これは Q_2 に流れる信号電流と対向しているので，電荷保存則により $2\Delta I_C$ の信号電流が右に向かって流れることになる。この電流が破線で示した負荷インピーダンス Z_L に流れると考えると，差動利得は

$$G_{open} = \frac{2\Delta I_C Z_L}{\Delta V} = \frac{Z_L}{r_e} \tag{4.14}$$

と与えられる。ただし，G_{open} を大きくするため，実際に Z_L の位置に抵抗を組み込むことはしない。この場合，実効的な Z_L は Q_2 と Q_4 の出力抵抗と Q_5 の入力抵抗を並列接続したもので与えられる。差動アンプのバイアス電流を 1 mA ずつに設定して，トランジスタのアーリー電圧が 100 V と仮定すれば，Q_2 と Q_4 の出力インピーダンスはおのおの $100\,\mathrm{V}/1\,\mathrm{mA} = 100\,\mathrm{k\Omega}$ となり，Q_5 の入力インピーダンスがそれに比べて十分に高いものと仮定すれば，$r_e \simeq 25\,\Omega$ より

$$G_{open} = \frac{100\,\mathrm{k\Omega} \mathbin{/\!/} 100\,\mathrm{k\Omega}}{25\,\Omega} = 2 \times 10^3 \tag{4.15}$$

が達成できる。

具体的なオペアンプの回路例を**図 4.5** に示す。このオペアンプでは差動アンプ（Q_1 と Q_2）の出力を折り曲げカスコード接続（Q_4 と Q_5）を通して電流ミラー（Q_6 と Q_7）で受けてある。折り曲げカスコード接続を用いたことで出力のダイナミックレンジを広くとることができるほか，電流ミラーの負荷にエミッタ抵抗を加えてアーリー効果を抑えることによって，10 000 倍以上のオープンループ利得を実現している。また，バイアス電流を決める Q_3 と Q_8 の電流ミラーが見慣れない形をしているのは Q_8 に流れる電流をカスコードのベース電圧を決める抵抗分割と共用することによって消費電力を節約しているためである。出力バッファ回路は PNP 型（Q_9）と NPN 型（Q_{10}）のエミッタフォロワを並列に使って最終段のプッシュプル（Q_{11} と Q_{12}）を駆動している。

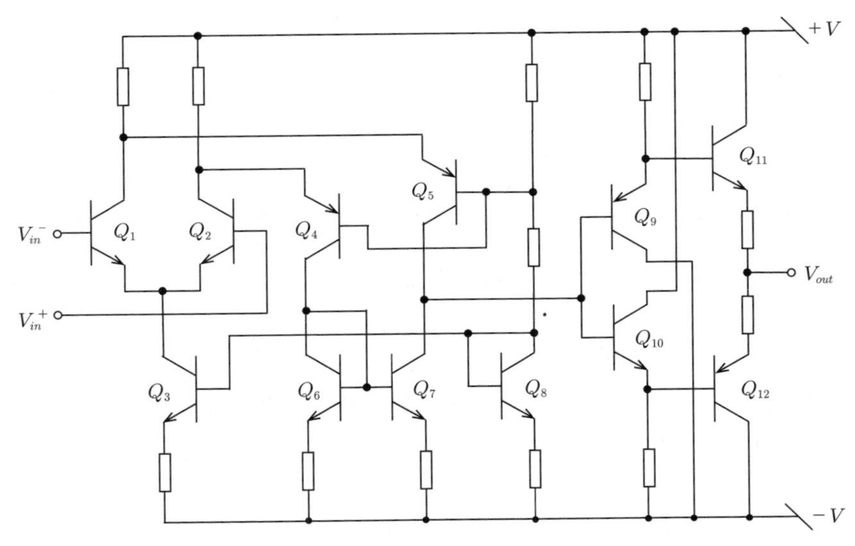

図 4.5 オペアンプ（差動入力高オープンループ利得アンプ）の回路例

問 2. 図 4.5 の各抵抗の値を以下の条件を満たすように決定せよ。電源電圧は ±5 V とし，Q_1，Q_2，Q_4，Q_5，Q_9，Q_{10} にそれぞれ 1 mA のバイアス電流を流す。Q_4 と Q_5 のベース電圧は +3.5 V とし，Q_3，Q_6，Q_7，Q_8 のベース電圧は −3.5 V とする。

4.3　オペアンプの周波数特性と負帰還

4.2 節では差動アンプと電流ミラーを組み合わせることによって高い差動利得をもつアンプを構成し，その利得を決定する負荷インピーダンス Z_L は純抵抗として扱った。しかし高周波での利得を考慮する場合，問題になるのは純抵抗よりもむしろ静電容量である。たとえ 1 pF であっても $f = 1\,\mathrm{MHz}$ でのインピーダンスは $1/2\pi fC \simeq 160\,\mathrm{k\Omega}$ に相当し，典型的なオペアンプの純抵抗負荷に比べて小さいので無視できない。したがって，利得を決める負荷インピーダンス Z_L は純抵抗 R とキャパシタンス C が並列になったものと考えるべきであり

$$Z_L(\omega) = R \,/\!/\, \frac{1}{j\omega C} = \frac{1}{1/R + j\omega C} = \frac{R}{1 + j\omega RC} \tag{4.16}$$

と表せる。オープンループ利得は

$$G_{open}(\omega) = \frac{Z_L(\omega)}{r_e} = \frac{R}{r_e(1 + j\omega RC)} = \frac{G_0}{1 + j\omega RC} \tag{4.17}$$

となり，低周波ではほぼ一定値 $G_0 \equiv G_{open}(0) = R/r_e$ をとるが，高周波では

$$G_{open}(\omega) \simeq \frac{G_0}{j\omega RC} \tag{4.18}$$

と，周波数に反比例して減少する。低周波と高周波の境界点の周波数を求めると，式（4.17）の分母の実数項と虚数項の大きさが等しいことから

$$\omega_{dom} = \frac{1}{RC} \quad \text{または} \quad f_{dom} = \frac{1}{2\pi RC} \tag{4.19}$$

が得られる。f_{dom} はこのオペアンプの周波数特性を決定する主要な定数であり，このオペアンプの**ドミナントポール**（dominant pole）と呼ぶ。

オープンループ利得の周波数特性を両対数グラフにすると**図 4.6** のようになる。ドミナントポールは低周波側（傾斜 0）と高周波側（傾斜 −1）の二つの直線の交点である。このように周波数特性が角を曲がるように変化する点を一般に**コーナー周波数**（corner frequency）と呼ぶ。ドミナントポールは，オープ

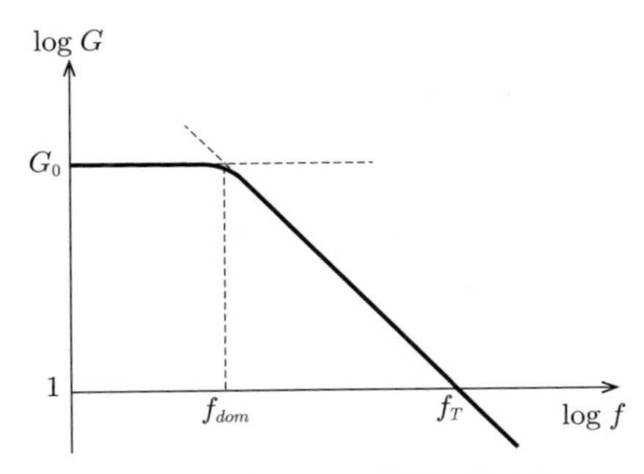

図 4.6　オープンループ利得の周波数特性

ンループ利得のコーナー周波数であるといえる。

なお，オープンループ利得が 1 になる周波数をこのオペアンプの**トランジション周波数**（transition frequency）と呼び

$$f_T = G_0 f_{dom} = \frac{G_0}{2\pi RC} \tag{4.20}$$

で与えられる。

さて，オープンループ利得が式（4.17）で表されるようなオペアンプに負帰還をかけて使用するときに，クローズドループ利得の周波数特性はどうなるだろうか。ここからは高周波での特性に注目し，式（4.18）の近似式を用いる。このアンプで図 4.3 の反転増幅回路を構成したとしよう。式（4.9）より

$$G_{closed} = -\frac{G_{open} R_2}{(G_{open}+1)R_1 + R_2} \tag{4.21}$$

の G_{open} に式（4.18）を代入すれば，クローズドループ利得が

$$\begin{aligned} G_{closed}(\omega) &= -\frac{R_2 G_0/j\omega RC}{(G_0/j\omega RC + 1)R_1 + R_2} \\ &= -\frac{R_2}{R_1}\frac{1}{1 + j\omega \dfrac{RC}{G_0}\dfrac{R_1+R_2}{R_1}} \\ &= -\frac{R_2}{R_1}\frac{1}{1 + j\dfrac{f}{f_T}\left(1+\dfrac{R_2}{R_1}\right)} \end{aligned} \tag{4.22}$$

となる。低周波での利得は式（4.10）で求めたとおり $G_{closed}(0) = -\dfrac{R_2}{R_1}$ であ

り，高周波での利得は周波数に反比例して下がっていくことがわかる。また，クローズドループ利得のコーナー周波数は式（4.22）の分母から

$$\frac{f_T}{1+R_2/R_1} = \frac{f_T}{1-G_{closed}(0)} \tag{4.23}$$

と読み取れるので，低周波での利得 $G_{closed}(0)$ を大きくとった場合，右辺は

$$\frac{f_T}{|G_{closed}(0)|} \tag{4.24}$$

すなわち f_T の利得分の1になる。要するにクローズドループ利得を上げるとそれに反比例してアンプの速度が遅くなるわけである。これを両対数のグラフにすると**図 4.7** のようになる。

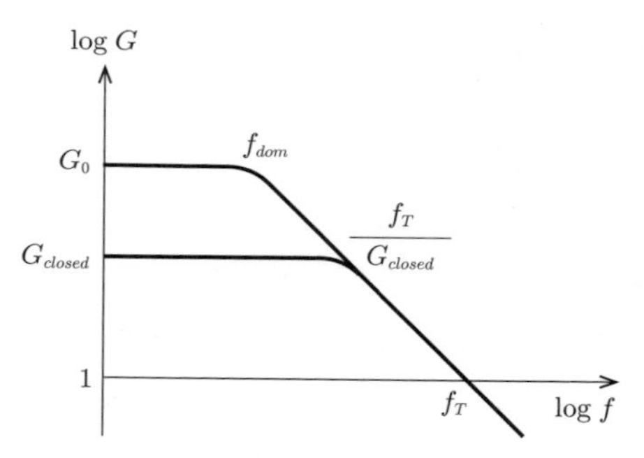

図 4.7　クローズドループ利得の周波数特性

一つのアンプで利得を高くとれば自然と帯域幅（コーナー周波数）は狭くなり，帯域幅を大きくとりたければ利得は小さくなる，すなわち高速でかつ高い利得を一段のアンプで求めることはできないとわかる。また，利得と帯域幅の積はほぼ f_T に等しいので，f_T を**利得帯域幅積**（**GB 積**，gain-bandwidth product）とも呼ぶ。負帰還回路で利得をとった場合に最大どれくらいの周波数帯域になるかの目安になるものである。

反転増幅回路にステップ関数 V_{in} を入力することを考える。式（4.22）で求めたクローズドループ利得は RC 積分回路の伝達関数と同じ形なので，出力波形は指数関数の形をとることがわかる。時定数はコーナー周波数の逆数から

$$\tau = \frac{1 + R_2/R_1}{2\pi f_T} \tag{4.25}$$

で与えられ，$t > 0$ での出力波形は

$$V_{out}(t) = -\frac{R_2}{R_1}V_{in}(1 - e^{-t/\tau}) \tag{4.26}$$

となる。それではオペアンプの反転入力での波形はどのようになるであろうか？図 4.3 において入力波形と出力波形を R_1 と R_2 で分割したと考えれば

$$\begin{aligned} V_-(t) &= \frac{1}{R_1 + R_2}(R_2V_{in} + R_1V_{out}(t)) \\ &= \frac{V_{in}R_2}{R_1 + R_2}e^{-t/\tau} \end{aligned} \tag{4.27}$$

となることが計算できる。**図 4.8** に $V_{in}(t)$，$V_-(t)$，$V_{out}(t)$ をそれぞれ図示した。直感的にはつぎのように理解すればよい。入力のステップ関数が振れた直後は，V_{out} はゆっくりとしか変化しないので，V_- はいったんステップ関数で変化する。ステップの振幅は R_1 と R_2 で分割された値，すなわち $\dfrac{V_{in}R_2}{R_1 + R_2}$ である。時間が経過してオペアンプの出力が入力に追いつくと，4.1.3 項の仮想接地が成立するようになって V_- は 0 V に戻る。要するにオペアンプの速度が有限であるために，負帰還が働くのに一定の時間がかかるわけである。

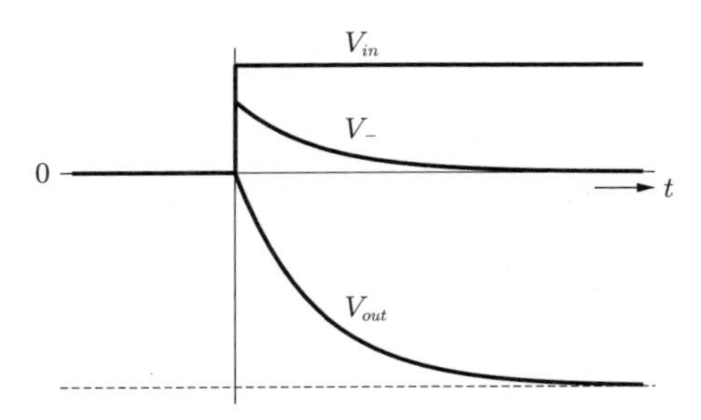

図 4.8　反転増幅回路にステップ関数を入力したときの V_-，V_{out} の波形

反転増幅回路の反転入力はステップ関数入力に対していったんは電圧が振れ，次第に 0 V に戻るような動作をする。この挙動はインダクタンスと同じである。検出器のプリアンプに負帰還を用いた反転増幅回路があまり使われなかった時

期があったが，その理由の一つはアンプの入力インピーダンスが誘導性，すなわちインダクタンスのように振る舞うと検出器の静電容量との相互作用によって発振を起こすと思われたからである。この予想は p.107（式（5.48））で述べるように必ずしも正しくなく，エミッタ接地（もしくは FET のソース接地）の負帰還アンプは検出器用プリアンプとして非常に有用である。

4.4　負帰還アンプの発振

ここまではアンプの利得が大きな抵抗と一つの容量で決まるドミナントポールのみで記述できるものと仮定してきた。このドミナントポールは，通常オペアンプ回路が使用される周波数に比較して何桁も低い周波数である。しかし，実際のアンプにはそれ以外にも信号を積分してしまう要因がいくつも存在する。その理由の一つは，トランジスタのベースに信号を入力してもすぐにエミッタ，あるいはコレクタに信号が現れるわけではないことである。また，電流ミラーなどでも素子の容量やインダクタンスなどによって信号の遅延が現れることがある。これらの影響を考慮すると，オープンループ利得は

$$G_{open}(\omega) = \frac{G_0}{\left(1 + j\dfrac{\omega}{\omega_{dom}}\right)\left(1 + j\dfrac{\omega}{\omega_2}\right)\left(1 + j\dfrac{\omega}{\omega_3}\right)\cdots} \tag{4.28}$$

と表せる。ここで ω_{dom} はドミナントポール，ω_2 は**セカンドポール**（second pole），ω_3 は**サードポール**（third pole）の角振動数である。3 番目以降をまとめて**高次ポール**（higher poles）と呼ぶ。

式（4.28）を両対数のグラフに表すと**図 4.9** のようになる。周波数が上昇するにつれて利得が一定から，周波数$^{-1}$，周波数$^{-2}$，周波数$^{-3}$ とポールを一つ越えるごとに変化するので，周波数特性に折れ曲がりとして現われている。

では，セカンド以上のポールをもつアンプに負帰還をかけると何が起こるだろうか。式（4.28）で $\omega \gg \omega_2$ の高周波数を考えると，サードポール以降を無視して

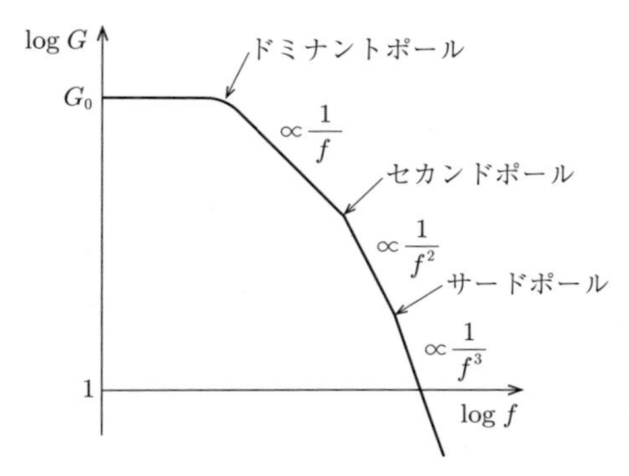

図 4.9　セカンドおよび高次ポール

$$G_{open}(\omega) = \frac{G_0}{\left(j\dfrac{\omega}{\omega_{dom}}\right)\left(j\dfrac{\omega}{\omega_2}\right)} = -G_0\frac{\omega_{dom}\omega_2}{\omega^2} \tag{4.29}$$

が得られ，セカンドポールより高い周波数ではオープンループ利得の符号が反転することがわかる。このアンプに負帰還をかけると高い周波数では正帰還をかけていることになり，発振することが予想される。

なお，実際に負帰還をかけた回路が発振するかどうかはセカンドポールの周波数とクローズドループ利得との兼ね合いで決まる。数式的には伝達関数を書き下して，それが発散する周波数が存在するかどうかを見ればよいのだが，ここではもう少し簡略化した解析を行おう。

図 4.3 の反転増幅器でも図 4.2 の非反転増幅器でも，出力電圧 V_{out} は抵抗 R_1 と R_2 で分割されてオペアンプの反転入力に

$$V_- = V_{out}\frac{R_1}{R_1+R_2} \tag{4.30}$$

の形で戻ってくる。セカンドポールよりも高い周波数でオープンループ利得が式（4.29）のように反転しているならば，式（4.30）の反転入力は出力を

$$G_0\frac{\omega_{dom}\omega_2}{\omega^2}V_- = V_{out}G_0\frac{\omega_{dom}\omega_2}{\omega^2}\frac{R_1}{R_1+R_2} \tag{4.31}$$

だけ増加させる。角振動数を振動数で書き直して式（4.20）を用いると右辺は

$$V_{out}\frac{f_T f_2}{f^2}\frac{R_1}{R_1+R_2} \tag{4.32}$$

となる。上式の V_{out} の係数

$$G_{loop}(f) = \frac{f_T f_2}{f^2} \frac{R_1}{R_1 + R_2} \tag{4.33}$$

をループ利得と呼び，これが 1 よりも大きいと，出力と反転入力の間のループを回るたびに電圧が大きくなって発振する。$G_{loop}(f)$ は周波数の 2 乗に反比例するので，最も発振しやすいのはセカンドポールのすぐ上の周波数である。そこで $f = f_2$ とおくと

$$G_{loop}(f_2) = \frac{f_T}{f_2} \frac{R_1}{R_1 + R_2} \tag{4.34}$$

が得られる。この回路が発振しないための条件は

$$\frac{f_T}{f_2} \frac{R_1}{R_1 + R_2} < 1 \quad \text{すなわち} \quad f_2 > f_T \frac{R_1}{R_1 + R_2} \tag{4.35}$$

となる。ここで $f_T \dfrac{R_1}{R_1 + R_2}$ は式 (4.23) で求めたクローズドループ利得のコーナー周波数にほかならない。

以上の考察をグラフに表すと**図 4.10** のようになる。オープンループの周波数特性とクローズドループ利得の交点がセカンドポールよりも高周波側にあると発振し，低周波側にあれば安定である。このことから，一般にクローズドループ利得を低くとるほど安定性を確保することが難しくなることがわかる。また，クローズドループ利得を 1 に設定しても発振しないオペアンプのことを**ユニティゲイン安定**（unity-gain stable）であるという。

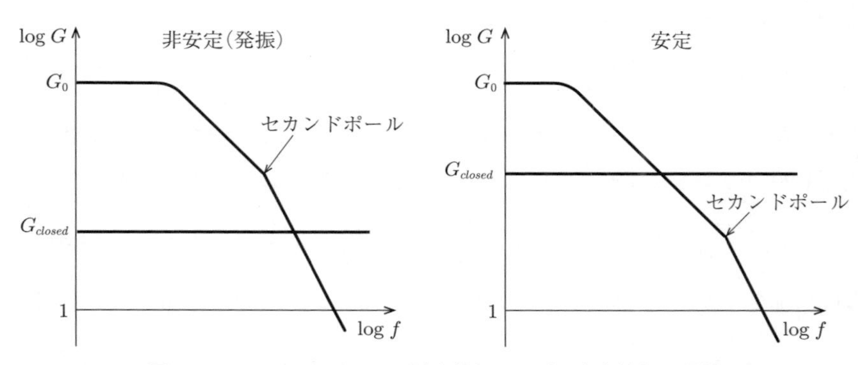

図 4.10　セカンドポールの周波数とアンプの安定性との関係

コーヒーブレイク

以上の議論では負帰還をかけたアンプの安定性を伝達関数の周波数特性から考察した。しかしそれではどうして発振が起こるのかのイメージがつかみにくい。ここではアンプの反応を時間を離散化することによって考えてみよう。

オープンループ利得 G の差動アンプに，**図 1** に示すように負帰還をかけてクローズドループ利得 1 倍の非反転増幅回路を構成する。アンプにはドミナントポールのみがあって，高周波では近似的に積分回路として働くものとする。この回路の動作を離散時間でつぎのように記述しよう。

- 時刻 t の回路の状態は $V_+(t)$，$V_-(t)$ と $V_{out}(t)$ で与えられる。
- $V_-(t)$ は負帰還によって

$$V_-(t) = V_{out}(t - \Delta t) \tag{1}$$

　となる。

- $V_{out}(t)$ の時間変化は，$V_+(t)$ と $V_-(t)$ の差の G 倍を時間積分することによって

$$V_{out}(t) = V_{out}(t - \Delta t) + G(V_+(t) - V_-(t)) \tag{2}$$

　となる。この時間積分がドミナントポールの影響である。

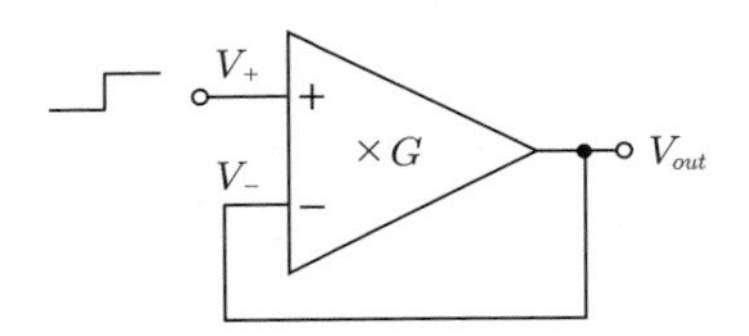

図 1　1 倍非反転増幅回路

以上のルールにしたがって，非反転入力 V_+ に 1 V の階段関数を加えたときの信号の伝達を，Δt を時間単位としてシミュレートしてみていただきたい。本格的なプログラミング言語を使わずとも，表計算ソフトで十分可能である。

オープンループ利得を $G = 0.5$ と 1.5 に設定した場合のシミュレーションの結果を**図 2** に示した。$G = 0.5$ の場合，V_{out} は V_+（破線）に追従して指数関数的に立ち上がる。$G = 1.5$ の場合は出力にオーバーシュートが起こるが，やがて減衰振動しながら正しい値に収束する。いずれの場合も発振はしていない。

では，ここでアンプにセカンドポールを加えよう。具体的には $V_{out}(t)$ に時間遅れを加えることでセカンドポールの影響を表す。すなわち式（2）の代わりに

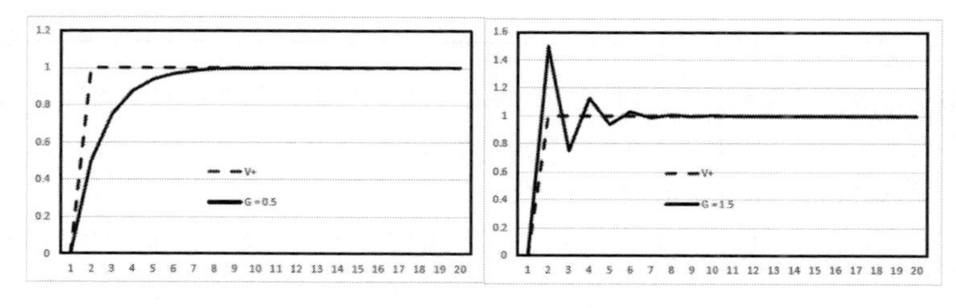

図 **2**　シミュレーションの結果

$$V_{out}(t) = V_{out}(t - \Delta t) + G(V_+(t - \Delta t) - V_-(t - \Delta t)) \tag{3}$$

を用いる。再度シミュレーションを行うと図 **3** が得られる。

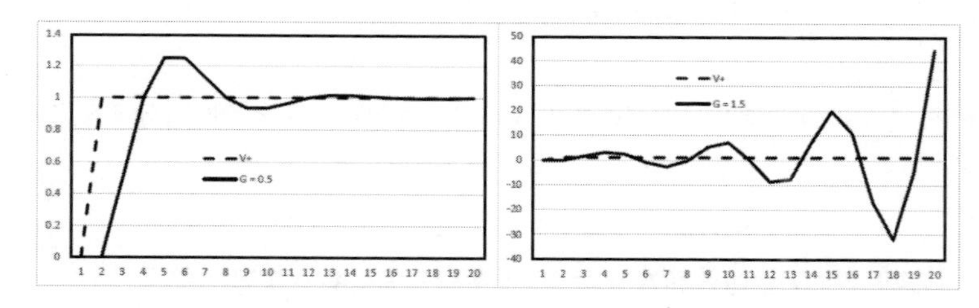

図 **3**　時間遅れを加えたシミュレーションの結果

時間遅れを加えた結果，$G = 0.5$ では減衰振動，$G = 1.5$ では発振に至ることがわかる。この発振がどのような経緯で起こるのかは，シミュレーションを追いかけて読者自身が確かめていただきたい。

以上の検討から，発振が起こるためには積分と時間遅れの両方が必要であることと，オープンループ利得が高ければ発振し，低ければ減衰振動することがわかる。なお，上記のモデルの場合，発振と減衰振動の境界は $G = 1.0$ である。このシミュレーションでは，セカンドポールによる遅延をシミュレーションの時間単位 Δt に等しくとったので，$G = 1.0$ はセカンドポールでのオープンループ利得がクローズドループ利得（1 倍）と等しいことに相当する。

4.5　位相補償とスルーレート

発振を起こしているアンプを安定化させることを**位相補償**（phase compensation）と呼ぶ。一番単純な方法は**図 4.11** のようにアンプのドミナントポールを決定している Z_L（図 4.4 参照）に補償容量 C_C を並列に追加することによって，ドミナントポールの周波数を下げることである。そうするとセカンドポールの周波数でのオープンループ利得が下がるので，これがクローズドループ利得よりも低くなるようにすればよい。個別の素子で組んだアンプの場合は容量を追加するのは簡単であるが，市販のオペアンプの場合は位相補償のための端子が出ているものが多い。用途によって（目標とするクローズドループ利得によって）補償容量を加えるかどうかが選べるようになっているわけである。

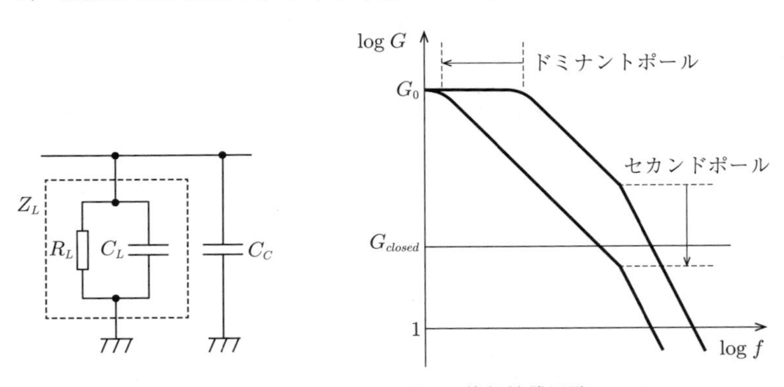

図 4.11　ドミナントポール位相補償回路

セカンドポールの周波数が正確にわかっている場合は，**図 4.12** の**ポール・ゼロ位相補償回路**（pole-zero phase compensation circuit）によってセカンドポールを打ち消して安定化することが可能である。アンプ本来の Z_L を R_L と C_L の並列接続からなるものとして，それと並列に容量 C_C と抵抗 R_C の直列回路を加えたときのインピーダンス Z'_L は

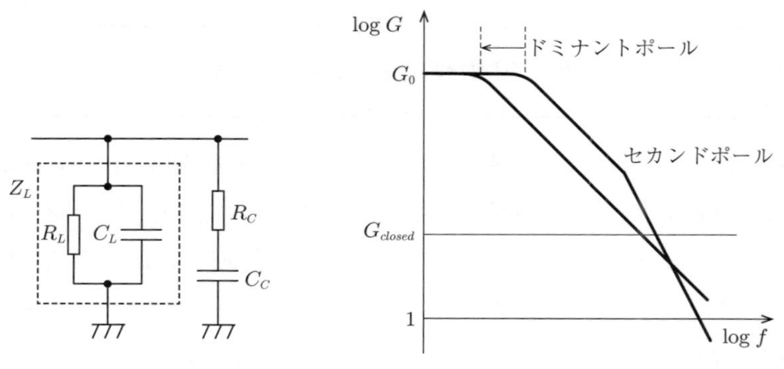

図 **4.12**　ポール・ゼロ位相補償回路

$$Z'_L = \left(\frac{1}{R_L} + j\omega C_L + \left(R_C + \frac{1}{j\omega C_C}\right)^{-1}\right)^{-1}$$
$$= \frac{R_L(1 + j\omega R_C C_C)}{(1 + j\omega R_L C_L)(1 + j\omega R_C C_C) + j\omega R_L C_C}$$

となり，$R_L \gg R_C$ かつ $C_L \ll C_C$ を仮定すれば

$$\simeq \frac{R_L(1 + j\omega R_C C_C)}{1 + j\omega R_L C_C} \tag{4.36}$$

となる。ドミナントポールは $R_L C_L$ から $R_L C_C$ に移動し，分子の $(1+j\omega R_C C_C)$ がセカンドポールを打ち消すように $R_C C_C$ の値を選べばよい。また，ポール・ゼロ位相補償回路はセカンドポールを消失させるので，ドミナントポール位相補償回路よりも高い帯域幅を保つことができる。

さて，アンプの位相補償をするために電圧増幅段（トランスコンダクタンスアンプの出力）に静電容量を加えると，ドミナントポールが低周波に移動すると同時にアンプが出力電圧を変化させられる速度 $\dfrac{dV_{out}}{dt}$ が低下する。この速度の最大値を**スルーレート**（slew rate）と呼び，単位は V/μs で表されることが多い。図 4.4 の回路に戻って考えると，Q_1〜Q_4 からなる差動増幅段が出すことのできる最大電流はバイアス電流 $2I_C$ である。これを I_{max} とおき，負荷 Z_L に位相補償容量 C_C が加わったものとすると，スルーレートは

$$\text{スルーレート} = \max\left|\frac{dV_{out}}{dt}\right| = \frac{I_{max}}{C_C} \tag{4.37}$$

で表され，例えばバイアス電流が 0.5 mA で容量が 10 pF であればスルーレートは 50 V/μs となる。出力信号の変化率がこの値以下であれば出力信号の波形ひずみはないが，この値を超えると信号の立ち上がりや立ち下がり時間が電圧に比例をして長くなるような現象が起こる。一般に，アンプに非常に速い入力信号を加えたときの出力信号の立ち上がりや立ち下がり時間は，小信号時では帯域幅で決まっており，大信号時ではスルーレートで決まる。前者の場合を帯域幅制限，後者の場合をスルーレート制限されていると称する。矩形波を入力した場合のそれぞれの出力波形を**図 4.13** に示す。信号の傾斜が振幅によらないことが，スルーレート制限された波形の特徴である。

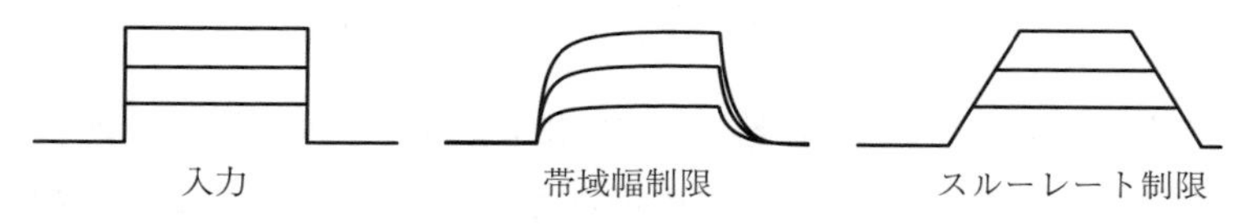

図 4.13 矩形波入力時の，帯域幅制限およびスルーレート制限された出力波形

4.6 エミッタフォロワの発振

負帰還をかけたアンプはクローズドループ利得を低くとるほど発振しやすくなり，バッファアンプ（すなわち 1 倍アンプ）は最も不安定である。このことを用いて p.65 で言及したエミッタフォロワの発振を考察してみよう。

図 4.14 (a) に示したエミッタフォロワで，Q_1 のベースに小信号を加えると，ベース・エミッタ間電圧が ΔV_{BE} 増加してエミッタ電流が $\dfrac{\Delta V_{BE}}{r_e}$ 増加する。これがエミッタ抵抗 R_L に流れるのでエミッタ電圧は $\Delta V_{BE}\dfrac{R_L}{r_e}$ 上昇するはずであるが，これは ΔV_{BE} を減少させるように働く。このことをオープンループ利得 $\dfrac{R_L}{r_e}$ の差動アンプに負帰還をかけたものに等価とみなしたものが，図 (b) の回路である。R_L が r_e に比べて大きいとすれば，これはオペアンプを使った非反転 1 倍アンプにほかならない。

このアンプが安定かどうかは，p.82 で述べたようにオペアンプの高次ポール

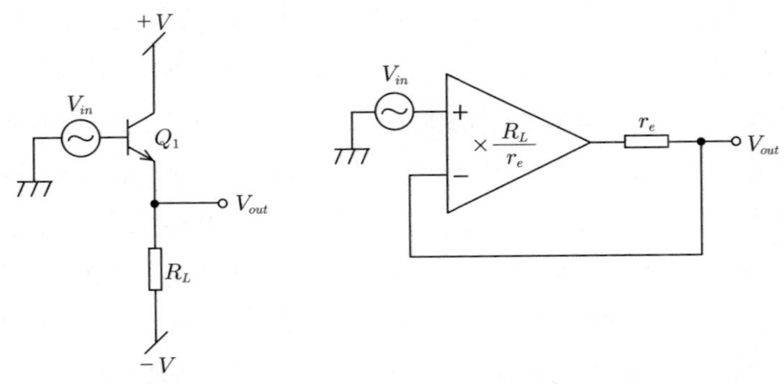

(a)　エミッタフォロワ　　(b)　差動アンプを用いたエミッタフォロワの等価回路

図 4.14　エミッタフォロワとその等価回路

がどこにあるかで決まる。計測器アンプに用いるような高周波用トランジスタを用いたエミッタフォロワの場合，回路の実装に起因する，すなわちプリント基板や配線のワイヤ等によって構成される寄生容量や電源の配線などに付随するインダクタンスによって作られる 100 MHz 以上の領域の高次ポールが発振の原因になる。特に問題になるのは，**図 4.15** に示したコレクタにつながる電源のインダクタンス L_C と，エミッタにつながる負荷の容量成分 C_L であり，こ

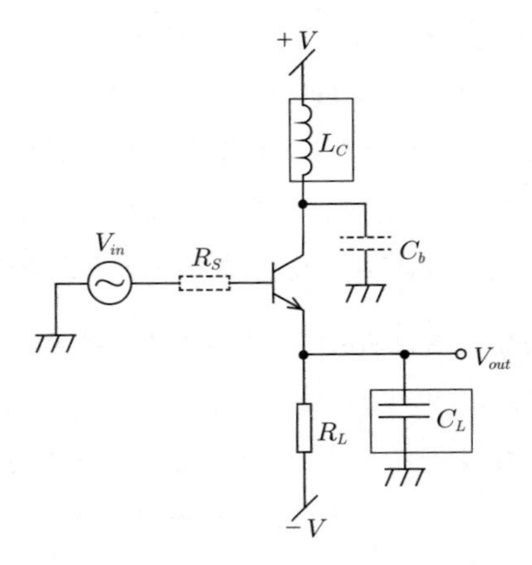

図 4.15　エミッタフォロワの発振に寄与する成分（枠内）と発振を抑制する素子（点線）

れらを最小化するように回路基盤を設計することが望ましい。

逆にエミッタフォロワの発振を抑制するには，図に点線で示すようにベースに直列抵抗 R_S を加えるのが効果的である。この抵抗とベース・エミッタ間寄生容量の組み合わせにより高周波でのループ利得を下げるほか，電源の配線などに付随するインダクタンスによる L-C 共鳴（例題 1.2 参照）の Q 値を下げる働きもする。またコレクタの上のインダクタンスの影響を抑えるために，コレクタとグランドの間に容量（バイパスキャパシタ）C_b を加えるとよい。

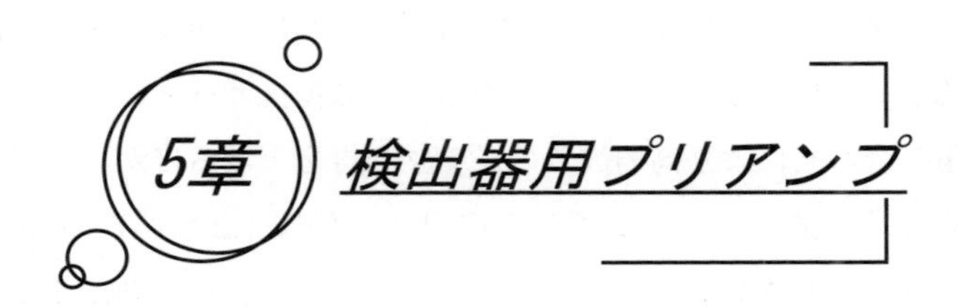

5章 検出器用プリアンプ

検出器からの出力は多くの場合，非常に高速の電流パルスとみなすことができる。例えば光電子増倍管やフォトダイオードなどの光検出器，ワイヤチェンバや半導体検出器などの放射線検出器などがこれに該当する。特に，検出器の出力が小さい場合や，低雑音精密計測が要求される場合，検出器に直接接続されるアンプ（前置アンプあるいは**プリアンプ**（preamplifier））の役割は重要である。

さて，検出器の出力インピーダンスは直流では高いが，その時間分解能に相当する周波数帯では容量性であり，すなわちキャパシタンス成分が支配する。したがって，等価回路としては**図 5.1** のように検出器容量 C_D と信号電流源 i_s が並列になっていると考えるとよい。信号電流源 i_s からの電流はそれぞれの検出器で特有の波形をもつが，1 ns から 10 μs 程度の幅をもつパルスであることが多い。本章では特に断らない限り，i_s は幅が無限小のいわゆるインパルス入力（$i_s(t) = Q\delta(t)$）であると近似して，アンプ自体の性能を議論することとする。

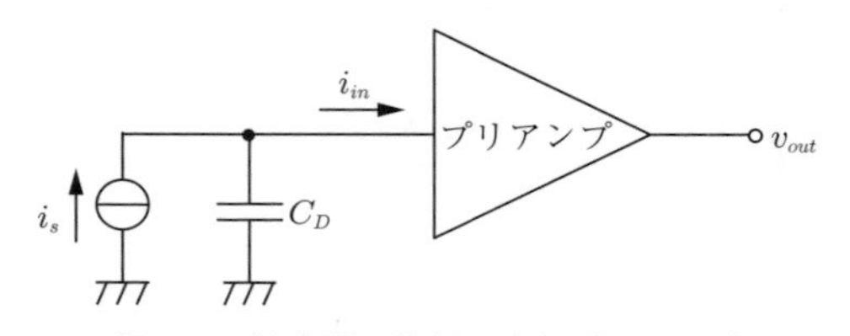

図 5.1　検出器の等価回路とプリアンプ

検出器用プリアンプに求められる性能は，検出器からの信号電荷を可能な限り集めて，高速かつ低雑音で増幅することである。そのためにはアンプの入力インピーダンス Z_{in} と C_D で決まる時定数が短くなくてはならないので，Z_{in} をきわめて低く設計した電流検知型アンプ（カレントアンプ）が用いられる。ただし，アンプの入力インピーダンスが誘導性であると，Z_{in} と C_D の間で発振を起こすおそれがあるので，Z_{in} の位相についても配慮する必要がある。

本章では，まず雑音（ノイズ）の一般的理論を概説した後，典型的なプリアンプの設計を 3 種類（ベース接地，エミッタ接地，JFET 入力アンプ）紹介して，それらの性能について議論する。

5.1 素子が発生する雑音

アンプを構成する素子は，受動素子も能動素子もエネルギー損失がある限り必ず雑音を発生する。キャパシタは通常の使用範囲では雑音を発生しないと考えてよい。インダクタには磁気雑音があることが知られているが，本書で扱う回路にはあまり必要ないのでここでは触れない。

われわれにとって重要な雑音は 2 種類である。

- 熱雑音：　抵抗が絶対温度に比例して発生するもの。
- ショット雑音：　電子がポテンシャル障壁を乗り越えて流れる際に発生するもの。

これらのほかに **1/f 雑音**（1/f noise）と呼ばれる「熱雑音でもショット雑音でもない雑音」があり，1 kHz 以下の低周波で重要になる。1/f 雑音の原因はさまざまであり，そのパワースペクトルはおおむね周波数に逆比例することが経験的にわかっている。ただし，検出器用のアンプは高周波に最適化されているので 1/f 雑音にはあまり敏感でない。

5.1.1 熱　雑　音

熱雑音（thermal noise）は**ジョンソン–ナイキスト雑音**（Johnson-Nyquist noise）とも呼ばれ，すべての抵抗素子から発生する雑音である。トランジスタ内の半導体の抵抗分からももちろん発生する。BJT の場合，ベース層が薄く設計されているので外部のベース端子と実効的なベース層の間の抵抗 $r_{bb'}$（ベース拡がり抵抗）の熱雑音がしばしば重要になる。FET は導体チャンネル幅の制御によって抵抗値を変化させて動作するので，やはり熱雑音を発生する。

熱雑音を等価回路で表すには**図 5.2** に示すように，抵抗に直列に雑音電圧源

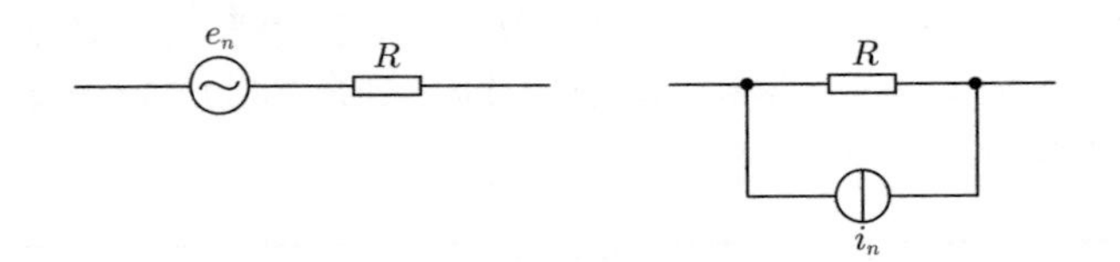

図 5.2　熱雑音の等価回路

e_n をつけるか，抵抗に並列に雑音電流源 i_n をつけるかの 2 通りの方法がある。状況に応じていずれか便利なほうを選べばよい。また，雑音電流源と雑音電圧源の間には $e_n = R \times i_n$ の関係がある。i_n や e_n は時間の関数とみなしてもよいのだが，雑音の波形そのものにはあまり有用性がなく，フーリエ変換して周波数の関数とみなすのがより本質的である。

抵抗が発生する雑音の量は熱力学によって絶対温度の関数として算出され，単位周波数当りの 2 乗平均雑音電圧密度は

$$\langle {e_n}^2 \rangle = 4k_B TR \quad 〔\mathrm{V^2/Hz}〕 \tag{5.1}$$

で与えられる。ここで k_B はボルツマン定数，T は環境温度（絶対温度）である。式（5.1）を図 5.2 にならって電圧源から電流源に変換すると，2 乗平均雑音電流密度は

$$\langle {i_n}^2 \rangle = \frac{4k_B T}{R} \quad 〔\mathrm{A^2/Hz}〕 \tag{5.2}$$

で与えられる。雑音密度が周波数によらずに一定な，いわゆる**白色雑音**（white noise）となることがわかる。

問 1. 式（5.1）と式（5.2）の次元が示された単位と一致することを確認せよ。

問 2. $R = 1\,\mathrm{k\Omega}$ の抵抗の両端電圧を帯域幅 1 GHz のオシロスコープで観測する。平均値および標準偏差を求めよ。ただし，環境温度 300 K，オシロスコープの入力インピーダンスは無限大とせよ。

5.1.2　熱雑音の公式の導出†1

ナイキスト（Nyquist）による熱雑音の公式の導出[1)]†2を簡単に記そう。**図 5.3** のように特性インピーダンス R の理想的伝送線の両端を抵抗 R で終端した回路を想定する。抵抗は絶対温度 T で熱平衡にあるとすると，熱エネルギーは雑音電圧を生み出す。具体的にはそれぞれの抵抗に e_n の雑音電圧源が直列についており，雑音電圧源が発生する電力（の一部）は伝送線を介して他端の抵抗に吸収されると考える（抵抗値が伝送線のインピーダンスに一致しているので終端での反射はない）。それぞれの電圧源には抵抗 R と伝送線 R の合計 $2R$ がつながっているので

$$i_n = \frac{e_n}{2R} \tag{5.3}$$

の電流が流れる。したがって各電圧源が伝送線に送り出す電力は時間平均で

$$W = R\langle {i_n}^2 \rangle = \frac{\langle {e_n}^2 \rangle}{4R} \tag{5.4}$$

で与えられる。回路全体の熱平衡を考えると，伝送線は電力 W を左右両方向へ同時に運んでいなければならない。伝送線内にある電磁エネルギーの総量は伝送線の長さを ℓ，伝播速度を v として

$$2 \times W \times \frac{\ell}{v} = \frac{\langle {e_n}^2 \rangle \ell}{2Rv} \tag{5.5}$$

で与えられる。係数の 2 は電力が双方向に流れていることを，また $\dfrac{\ell}{v}$ は電磁波が伝送線の全長を伝播するのにかかる時間を考慮した結果である。なお式 (5.5) は，単位振動数当りの平均エネルギー（J/Hz）を表すことに注意されたい。

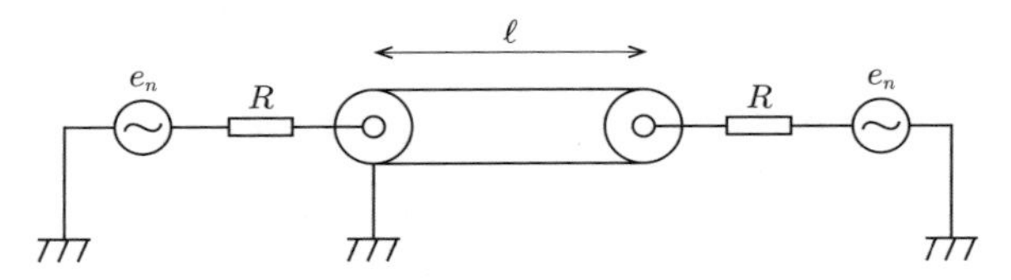

図 5.3　ナイキストによる熱雑音の公式の導出

†1　公式の導出には統計熱力学の知識を必要とする。興味のない読者は飛ばしてよい。
†2　肩付き数字は巻末の引用・参考文献の番号を表す。

つぎに，この伝送線内にどのような振動数をもつ波動が実現するか（振動モード）を考えよう。それには伝送線の両端を同時にグランドに短絡することを想定する必要がある。短絡された端は信号を100%反射して伝送線内に定常波を作り出す。この定常波のエネルギーは短絡する前に伝送線内にあったエネルギー，すなわち式（5.5）に等しい。また，この定常波は両端を固定した弦の振動と相同であり，その波形のフーリエ展開は，振幅が $x=0$ と $x=\ell$ で0となることが要求されるので

$$\sum_{n=1}^{\infty} a_n \sin\left(\frac{n\pi x}{\ell}\right)\exp\left(j\frac{n\pi vt}{\ell}\right) \tag{5.6}$$

となる。式（5.6）の各項は独立の調和振動子（n 次高調波）で，その振動数は $f_n=\dfrac{nv}{2\ell}$ である。振動数が $\dfrac{v}{2\ell}$ ごとに等間隔で分布しているので，単位振動数当りの振動モードの数は

$$\frac{dn}{df}=\frac{2\ell}{v} \tag{5.7}$$

で与えられる。

古典統計力学のエネルギー等分配則により，熱平衡状態にある調和振動子は1自由度当り k_BT の平均エネルギーをもつ（これは古典近似であり，厳密にはボーズ統計を使わなければならないが，われわれが取り扱う周波数は高々 10^9 Hz で $hf \ll k_BT$（h はプランク定数）が成り立つので問題ない）。これを伝送線内の定常波に適用すると，単位振動数当りの平均エネルギーが

$$k_BT\times\frac{2\ell}{v}=\frac{2k_BT\ell}{v} \tag{5.8}$$

となる。これが式（5.5）と等しいと置いて，$\langle {e_n}^2\rangle$ について解けば

$$\langle {e_n}^2\rangle = 4k_BTR \tag{5.9}$$

が得られる。

5.1.3 ショット雑音

ショット雑音（Shot noise）は**ポアソン雑音**（Poisson noise）とも呼ばれ，電

流を担う電子（またはホール）が離散的であることによって生じる雑音である。例えばダイオードを通って電流が流れているとき，平均電流 $\langle I \rangle$ の値は一定であっても，瞬間ごとの電流値 $I(t)$ は電子またはホールが pn 接合を通過するタイミングによってランダムに変動する。この電流の変動がショット雑音である。

平均電流 I がポテンシャル障壁（pn 接合など）を乗り越えて流れているとき，単位周波数当りの 2 乗平均雑音電流密度は

$$\langle {i_n}^2 \rangle = 2qI \quad \text{〔A}^2\text{/Hz〕} \tag{5.10}$$

で与えられる。ショット雑音の大きさは電流値の平方根に比例し，周波数に依存しない。したがってショット雑音も白色雑音である。

5.1.4 ショット雑音の公式の導出

図 5.4 に示すように，電流の時間変動を非常に小さい Δt で区切って考えよう。時刻 t_k と $t_{k+1} = t_k + \Delta t$ の間の電流値を I_k とすれば，その間に流れる電子またはホールの数は

$$n_k = \frac{I_k \Delta t}{q} \tag{5.11}$$

で与えられる。n_k の時間平均 $\langle n \rangle$ は

$$\langle n \rangle = \frac{1}{N} \sum_{k=1}^{N} \frac{I_k \Delta t}{q} = \frac{\langle I \rangle \Delta t}{q} \tag{5.12}$$

と表せる。ここで $\langle I \rangle$ は電流の時間平均である。n_k はポアソン分布に従う確率変数なので，その分散 ${\sigma_n}^2$ は平均に等しく

$${\sigma_n}^2 = \langle n \rangle = \frac{\langle I \rangle \Delta t}{q} \tag{5.13}$$

となる。したがって電流値の分散，すなわち 2 乗電流雑音は

$${\sigma_I}^2 = {\sigma_n}^2 \left(\frac{q}{\Delta t} \right)^2 = \frac{\langle I \rangle q}{\Delta t} \tag{5.14}$$

であることがわかる。

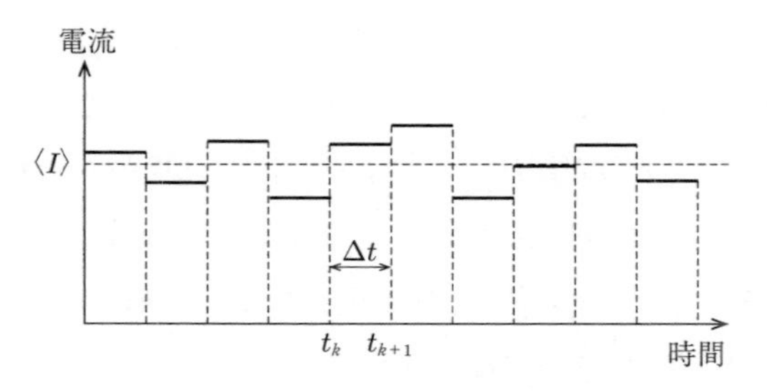

図 **5.4** 電流の時間変動

以上の計算では時間を Δt で離散化したので，標本化定理によって与えられる最大周波数

$$f_{max} = \frac{1}{2\Delta t} \tag{5.15}$$

よりも高い周波数は失われている。直感的には，時間周期 Δt で信号を測定する装置があれば，それで測定できる最速の振動は $+$，$-$，$+$，$-$ の繰り返しであり，測定 2 回で 1 周期なので周波数が $\dfrac{1}{2\Delta t}$ となるわけである。これを式 (5.14) に代入すれば

$$\sigma_I{}^2 = 2\langle I \rangle q f_{max} \tag{5.16}$$

が得られる。これを $f = 0$ から $f_{max} = \dfrac{1}{2\Delta t}$ の帯域幅の電流雑音であると考えれば，単位周波数当りの 2 乗平均電流雑音密度が

$$\left\langle i_n{}^2 \right\rangle = 2q\langle I \rangle \tag{5.17}$$

と得られる。

5.2 等価雑音電荷

アンプの雑音は，アンプを構成するおのおのの素子の熱雑音とショット雑音の 2 乗和をとることによって算出できる。とはいえ現実的には，初段のトランジスタとそれに直結する抵抗の雑音を考慮すれば十分である。それらの雑音を入力に換算して，図 **5.5** に示すように

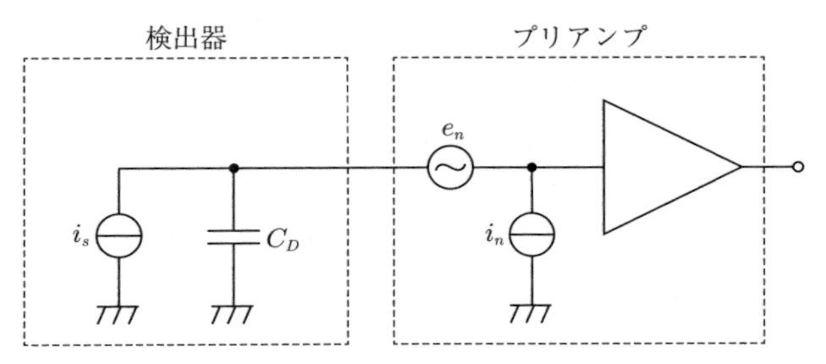

図 5.5　雑音源を含むプリアンプと検出器の回路図

- 入力に直列な電圧性雑音源 e_n が発生する**直列雑音**（series noise）
- 入力に並列な電流性雑音源 i_n が発生する**並列雑音**（parallel noise）

で表すことができる。e_n と i_n は周波数に依存しない白色雑音源であり，それぞれ等価雑音電圧，等価雑音電流と呼ぶ。

このアンプを図に示すように検出器につなぐと，検出器からの信号電流 i_s がアンプの雑音 i_n，e_n と競合する形になる。ここで，検出器からの信号は電流インパルス $i_s(t) = Q\delta(t)$ と近似できる（p.90 参照）ことを思い出そう。われわれが知りたいことはアンプの出力側で信号出力と雑音出力のどちらが大きいかなので，それを定量化するために**等価雑音電荷**（ENC，equivalent noise charge）と呼ばれる量を

$$\mathrm{ENC}^{\dagger} = \left(\begin{array}{l} \text{アンプの出力雑音電圧の実効値に等しい波高の} \\ \text{出力を発生するインパルス入力の電荷量} \end{array} \right) \tag{5.18}$$

で定義する。多くの場合，ENC は等価電子数で表される。例えば ENC が 500 電子相当ならば，3 000 電子の入力信号に対する出力は雑音の実効値の 6 倍の波高をもつことになる。

図の回路の等価雑音電荷は，並列雑音 ENC_p と直列雑音 ENC_s に分解して

$$\mathrm{ENC}^2 = \mathrm{ENC}_p{}^2 + \mathrm{ENC}_s{}^2 \tag{5.19}$$

と表すことができる。並列雑音と直列雑音はそれぞれ

---

† ENC は電荷量なので Q_{ENC} とでも表すべきであるが，本書ではほかの教科書や文献にならって単に ENC と書く。数式中に現れる場合，ENC^2 は $(\mathrm{ENC})^2$ であって $\mathrm{EN} \times \mathrm{C}^2$ ではないことに注意されたい。

$$\mathrm{ENC}_p{}^2 = \frac{1}{2}\langle i_n{}^2 \rangle \int W(t)^2 dt \tag{5.20}$$

$$\mathrm{ENC}_s{}^2 = \frac{1}{2}\langle e_n{}^2 \rangle C_D{}^2 \int W'(t)^2 dt \tag{5.21}$$

で与えられる。ここで $W(t)$ は**重み関数**（weighting function）と呼ばれるもので（$W'(t)$ は時間微分），アンプのインパルス応答，すなわち単位電荷が瞬間的に入力されたときの出力 $U(t)$ から

$$W(t) = \frac{U(t_{peak} - t)}{U_{peak}} \tag{5.22}$$

で定義される。U_{peak} は $U(t)$ の最大値，t_{peak} は $U(t)$ が最大値に達する時刻である。要するに重み関数 $W(t)$ とは図 **5.6** に示すように，アンプのインパルス応答の波高を 1 に正規化し，時間を反転したものである。

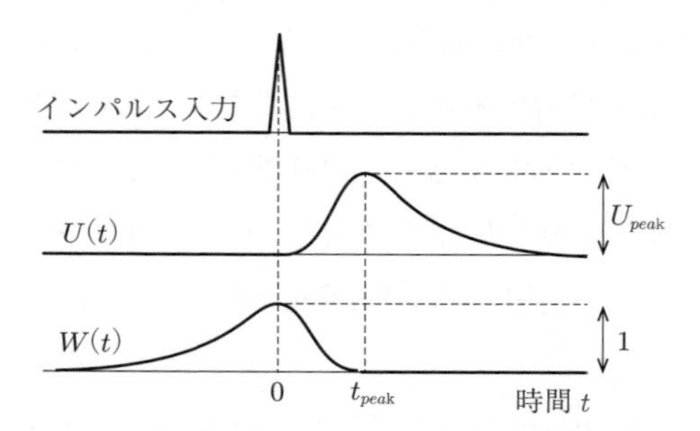

図 **5.6** インパルス入力，応答 $U(t)$ と重み関数 $W(t)$

5.2.1 等価雑音電荷の導出

p.95 で行ったように時間を Δt で離散化して考え，時刻 t_k と t_{k+1} の間の雑音電流を I_k，雑音電圧を V_k と表そう。I_k と V_k は雑音成分だけが意味をもつので，その平均値は 0 と仮定してよい。

$$\langle I_k \rangle = 0 \text{ かつ } \langle V_k \rangle = 0 \tag{5.23}$$

それぞれの分散は 2 乗平均 $\langle I_k{}^2 \rangle$，$\langle V_k{}^2 \rangle$ で与えられるが，それらは雑音源の雑音密度 $\langle i_n{}^2 \rangle$ と $\langle e_n{}^2 \rangle$ に周波数帯域幅をかけたものに等しい。標本化定理

によって帯域幅が $f=0$ から $f_{max}=\dfrac{1}{2\Delta t}$ となるので

$$\left\langle {I_k}^2 \right\rangle = \frac{\left\langle {i_n}^2 \right\rangle}{2\Delta t} \tag{5.24}$$

$$\left\langle {V_k}^2 \right\rangle = \frac{\left\langle {e_n}^2 \right\rangle}{2\Delta t} \tag{5.25}$$

が得られる。

まず，並列雑音 ENC_p から考えよう。Δt が非常に短いとすると，I_k は電荷 $I_k\Delta t$ をもつインパルス入力である。このパルスによる時刻 t におけるアンプの出力は，インパルス応答 $U(t)$ を用いて

$$I_k\Delta t U(t-t_k) \tag{5.26}$$

と表せる。これを k について和をとって2乗平均すれば，雑音電圧出力が得られる。また，これと $\mathrm{ENC}_p \times U(t_{peak})$ を比較することになるので，計算を進めるにあたって $U(t_{peak})$ で規格化しておこう。これより

$$\frac{I_k\Delta t U(t_{peak}-t_k)}{U(t_{peak})} = I_k\Delta t W(t_k) \tag{5.27}$$

が得られる。すなわち，重み関数 $W(t)$ は時刻 t に入力されたインパルス雑音電流が等価雑音電荷に及ぼす影響にほかならない。k について和をとって2乗平均すれば

$$\begin{aligned} {\mathrm{ENC}_p}^2 &= \left\langle \sum_k I_k\Delta t W(t_k) \sum_\ell I_\ell \Delta t W(t_\ell) \right\rangle \\ &= \sum_k \sum_\ell \langle I_k I_\ell \rangle (\Delta t)^2 W(t_k) W(t_\ell) \end{aligned} \tag{5.28}$$

となる。雑音電流 I_k と I_ℓ は異なる時刻であり相関がないので

$$\langle I_k I_\ell \rangle = \left\langle {I_k}^2 \right\rangle \delta_{k\ell} \tag{5.29}$$

となる事実を用いると

$${\mathrm{ENC}_p}^2 = \sum_k \left\langle {I_k}^2 \right\rangle (\Delta t)^2 W(t_k)^2 \tag{5.30}$$

が得られる。さらに式 (5.24) を代入し，$\Delta t \to 0$ の極限をとって和を積分に直せば

$$\begin{aligned} \mathrm{ENC}_p{}^2 &= \lim_{\Delta t \to 0} \sum_k \frac{\langle i_n{}^2 \rangle}{2} W(t_k)^2 \Delta t \\ &= \frac{1}{2} \langle i_n{}^2 \rangle \int W(t)^2 dt \end{aligned} \tag{5.31}$$

が得られる。

つぎに直列雑音 ENC_s を考えよう。図 5.5 に戻って雑音電圧源 e_n に注目する。i_s と i_n は電流源でそれぞれの電流は e_n の影響を受けないので無視してよい。アンプの入力インピーダンスが非常に小さいと仮定すると，回路は**図 5.7** のように簡略化でき，雑音電圧源 e_n とアンプの入力からなる回路に容量 C_D が入っているので，e_n の電圧が変化するときにのみ電流が流れることがわかる。

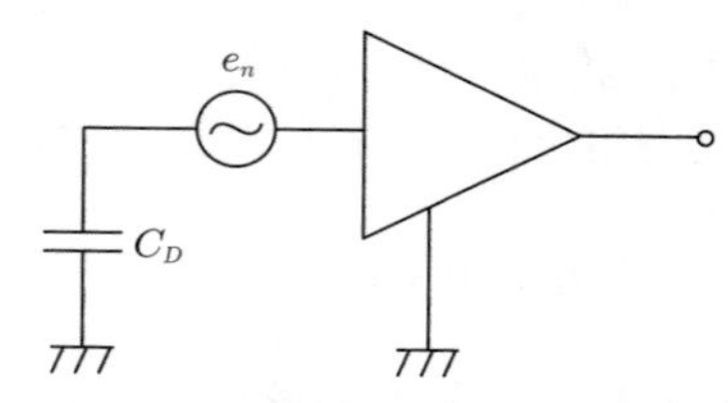

図 5.7　直列雑音のみの回路図

雑音電圧が V_k から V_{k+1} に変動するときにアンプに入力される電荷量は

$$\Delta Q = C_D(V_k - V_{k+1}) \tag{5.32}$$

である。この電荷が ENC に与える寄与は重み関数を用いて

$$C_D(V_k - V_{k+1})W(t_k) \tag{5.33}$$

と表せる。k について和をとれば

$$C_D \sum_k (V_k - V_{k+1})W(t_k) = C_D \sum_k V_k(W(t_k) - W(t_{k-1})) \tag{5.34}$$

となるので，これを 2 乗平均して

$$\mathrm{ENC}_s{}^2 = C_D{}^2 \left\langle \sum_k V_k(W(t_k) - W(t_{k-1})) \sum_\ell V_\ell(W(t_\ell) - W(t_{\ell-1})) \right\rangle$$

$\langle V_k V_\ell \rangle = \langle V_k{}^2 \rangle \delta_{k\ell}$ を用いると

$$\mathrm{ENC}_s{}^2 = C_D{}^2 \sum_k \langle V_k^2 \rangle (W(t_k) - W(t_{k-1}))^2 \tag{5.35}$$

が得られる。さらに式（5.25）を代入して $\Delta t \to 0$ の極限をとれば

$$\begin{aligned} \mathrm{ENC}_s{}^2 &= \lim_{\Delta t \to 0} C_D{}^2 \sum_k \frac{\langle e_n{}^2 \rangle}{2\Delta t} (W(t_k) - W(t_{k-1}))^2 \\ &= \frac{\langle e_n{}^2 \rangle}{2} C_D{}^2 \lim_{\Delta t \to 0} \sum_k \left(\frac{W(t_k) - W(t_k - \Delta t)}{\Delta t} \right)^2 \Delta t \\ &= \frac{1}{2} \langle e_n{}^2 \rangle C_D{}^2 \int W'(t)^2 dt \end{aligned} \tag{5.36}$$

となる。直列雑音の等価雑音電荷は C_D に比例することに注意されたい。

5.2.2 等価雑音電荷の最小化

式（5.36）から即座にわかることは，等価雑音電荷が検出器容量 C_D の関数として単調に増加する，すなわち容量が大きいほど信号雑音比が悪くなることである。$\langle i_n{}^2 \rangle$，$\langle e_n{}^2 \rangle$ と C_D が与えられているならば，インパルス応答の波形を適切に選ぶことによって $\int W(t)^2 dt$ と $\int W'(t)^2 dt$ を調整し，雑音を極小化することが望ましい。ただし，これらの積分はそれぞれ時間と時間 $^{-1}$ の次元をもち，たがいに相反的であって同時に小さくすることはできない。また，理想的なパルス波形はピークを中心として時間的に対称で，幅が狭くかつスロープが緩やかでなければならない。

理論上最適なインパルス応答の波形は**図 5.8** に示す**カスプ波形**（cusp waveform）で

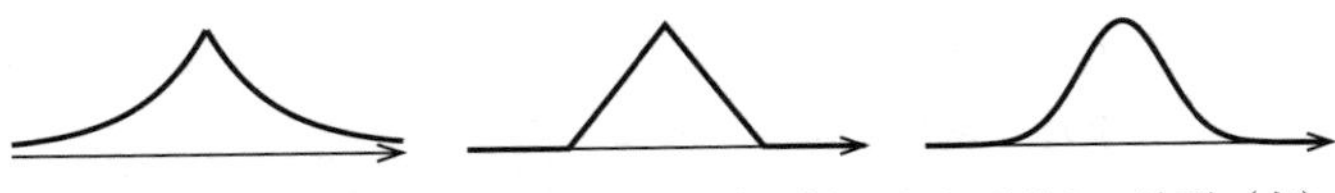

図 5.8 カスプ波形（左），三角波形（中央），およびガウス波形（右）

$$W_{cusp}(t) = e^{-|t|/\tau} \tag{5.37}$$

で与えられる。現実の回路ではこのような波形は作れないので，似た波形で代用することになり，三角波形やガウス波形がその例である。ENC^2 の比でカスプ波形と比較すると，三角波形が 1.15 倍，ガウス波形が 1.25 倍の影響である。なお，三角波形に波形整形をするのは難しいので，回路が簡単なガウス波形にすることが多い。具体的な波形整形回路は 5.5 節で紹介する。

問 3. カスプ波形，三角波形，ガウス波形のそれぞれについて，波形の半値全幅（FWHM）を T として $\int W(t)^2 dt$ と $\int W'(t)^2 dt$ を計算せよ。積分の積はいくらか。

上記のように電流雑音と電圧雑音は相反的であり，両方を同時に少なくすることはできないため，波形の最適な速さを選ぶことによって雑音を極小化することが目標になる。検出器の容量が大きいほど直列雑音の影響が増すので，波形を遅くすることによって $\int W'(t)^2 dt$ を小さくする必要がある。しかしながら，遅くすることにも実験装置の時間分解能の要求による限界がある。実際の検出器用アンプにおいては，測定しようとする物理量と検出器の性能を考慮しつつ，信号雑音比と時間分解能をバランスさせるような最適化が必要となる。

5.3　プリアンプの基本回路

BJT を初段に使ったプリアンプとして考えられるのは 2 種類であろう。すなわち

- ベース接地アンプ：　ベースを接地したトランジスタに定常的にエミッタ電流を流しつつ，エミッタに信号を入力する。
- エミッタ接地アンプ：　ベース入力のエミッタ接地アンプに負帰還をかけることで，入力インピーダンスを下げる。

である。さらに，JFET を初段に用いることで

- JFET 入力アンプ：　ゲート入力のソース接地アンプに負帰還をかける。

が可能になる。以下ではこれら3種類のプリアンプの性能を解析する。

5.3.1　ベース接地アンプ

ベース接地アンプ（common-base amplifier）の基本的な回路例を**図 5.9** に示す。入力段のトランジスタのベースを接地し，エミッタ抵抗 R_E で決まるバイアス電流 I_E を流す。エミッタにインパルス入力を入れるとそれが直接コレクタ電流の変動となり，コレクタ抵抗 R_C によって電圧に変換される。

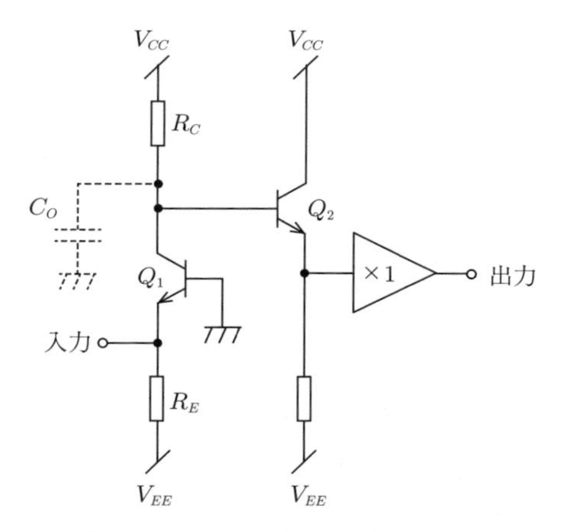

図 5.9　ベース接地アンプの回路例

このアンプの入力インピーダンスは，ベースが0Vに固定されているので式(2.6)より

$$\frac{dV_{BE}}{dI_E} = r_e = \frac{25\,\mathrm{mV}}{I_E} \tag{5.38}$$

で与えられ，例えば $I_E = 0.3\,\mathrm{mA}$ のときは $83\,\Omega$ になる。より正確には，トランジスタのベース広がり抵抗 $r_{bb'}$ があるので

$$Z_{in} = r_e + \frac{r_{bb'}}{h_{fe}} \tag{5.39}$$

となる。なお，小信号用トランジスタの $r_{bb'}$ は 10〜100Ω 程度で，電流増幅率

h_{fe} が 100 程度ならば r_e に比べて通常無視できる†。

本章で扱うプリアンプは電流入力・電圧出力であるので，その伝達関数は

$$T_Z(\omega) \equiv \frac{V_{out}(\omega)}{I_{in}(\omega)} \tag{5.40}$$

と定義するのが自然である。$T_Z(\omega)$ の添字の Z はこの伝達関数がインピーダンス（= 電圧／電流）の次元をもつことを示している。図 5.9 のベース接地アンプの場合，$h_{fe} \gg 1$ を仮定すれば，入力電流 I_{in} が Q_1 のコレクタ電流に等しく，Q_1 のコレクタ電圧が出力電圧 V_{out} に等しい。コレクタ電流が R_C と図 5.9 に点線で示した寄生容量 C_0 の並列インピーダンスに流れることを考慮すると，伝達関数は

$$T_Z(\omega) = \frac{R_C}{1 + jR_C C_O \omega} \tag{5.41}$$

となる。この伝達関数は RC 積分回路の伝達関数と同型であり，インパルス入力に対するこのアンプの出力波形は，時定数 $R_C C_0$ の指数関数になることがわかる。

この回路のおもな雑音源を**図 5.10** に示す。図 (a) に示した四つの雑音源，すなわち R_E と R_C の熱雑音と Q_1 と Q_2 のベース電流（I_{B1} と I_{B2}）のショット雑音は，すべて並列雑音である。このことはそれぞれの雑音源が太線で示した信号電流の伝達経路に電荷を注入するようにつながっていることからわかる。対して，図 (b) に示した雑音源，すなわち Q_1 のベース広がり抵抗 $r_{bb'}$ の熱雑音とコレクタ電流 I_C のショット雑音は，直列雑音である。$r_{bb'}$ については，入力に容量 C_D をつなぐことによって $r_{bb'}$ → グランド → C_D → Q_1 のエミッタ → ベース の回路が成立して，$r_{bb'}$ の雑音電圧が入力電流に変換されることから，直列雑音であるとわかる。I_C のショット雑音のほうは一見すると並列雑音のように思われるが，図 (a) の経路上で考えれば電荷を Q_1 のコレクタ側からエミッタ側に運ぶだけなので信号電荷の総量に影響を与えていない。それではどう考えるかというと，I_C がショット雑音によって $\langle \Delta I_C{}^2 \rangle = 2qI_C$ 変動することはベー

† h_{fe} は周波数によって変化し，特に高周波では急激に低下するので，入力インピーダンスが高周波で増大する，すなわち誘導性になることに留意すべきである。

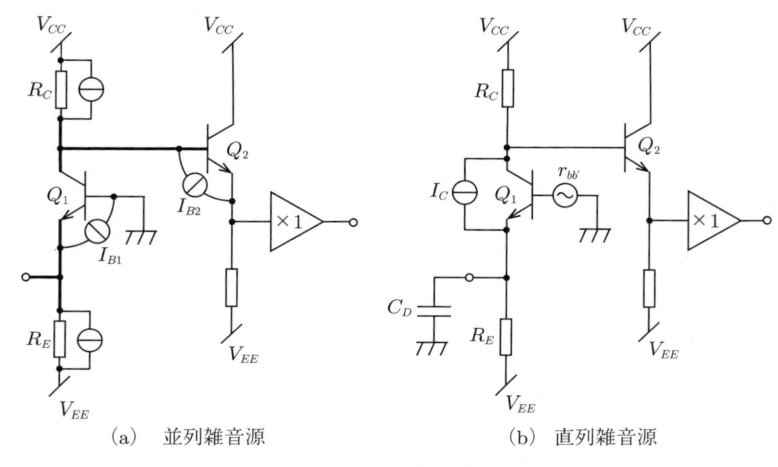

(a) 並列雑音源 (b) 直列雑音源

図 5.10 ベース接地アンプのおもな並列雑音源と直列雑音源

ス・エミッタ電圧に $\Delta V_{BE} = \Delta I_C r_e$ の電圧雑音が乗ることと等価であるとみなす。V_{BE} の変動という点では $r_{bb'}$ からの熱雑音と変わらないので，直列雑音であることがわかる。ここで式（2.6）から $r_e = \dfrac{k_B T}{qI_C}$ を使うと，I_C のショットノイズに由来する電圧雑音を

$$\left\langle \Delta V_{BE}{}^2 \right\rangle = 2qI_C r_e{}^2 = 2k_B T r_e \tag{5.42}$$

と書き表せる。BJT アンプの雑音を解析する場合，このようにコレクタ電流のショット雑音をベースに直列な電圧雑音として扱うことが便利である。ところで式（5.42）は（係数が 1/2 であることを除いて）まるで r_e の熱雑音のように見えるが，もちろんそうではない。r_e は現実の抵抗ではなく，$\dfrac{dV_{BE}}{dI_C}$ を表していることを忘れてはいけない。

以上をまとめると，ベース接地アンプの等価雑音電荷はつぎの式で表される[2)]。

$$\mathrm{ENC}_p{}^2 = \left(q(I_{B1}+I_{B2}) + 2k_B T \left(\frac{1}{R_E} + \frac{1}{R_C} \right) \right) \int W(t)^2 dt \tag{5.43}$$

$$\mathrm{ENC}_s{}^2 = k_B T (r_e + 2r_{bb'}) C_D{}^2 \int W'(t)^2 dt \tag{5.44}$$

並列雑音 $\mathrm{ENC}_p{}^2$ を小さくするためには I_{B1} と I_{B2} を減らして R_E と R_C を大きくしたいが，そのためには I_C を減らさねばならない。一方，直列雑音

$\mathrm{ENC}_s{}^2$ を小さくするためには $r_e+2r_{bb'}$ を小さくしたいので，そのためには I_C を増やさねばならない。トータルの雑音を最小化するには，これら相反する要求のバランスをとることが必要になる。

5.3.2　エミッタ接地アンプ

図 5.11 の**エミッタ接地アンプ**（common-emitter amplifier）はエミッタ接地一段の利得を電流源負荷を使って最大限に取ったうえで，C_f と R_f で負帰還をかけたデザインである。エミッタ接地アンプ自体の利得，すなわちオープンループ利得は，高周波では寄生容量 C_O によって

$$G_{open}=-\frac{1}{j\omega r_e C_O} \tag{5.45}$$

と与えられる。これが十分に高いものと仮定して仮想接地を用いると，入力電流はすべて R_f と C_f を通って出力へ流れるので，クローズドループの伝達関数は R_f と C_f の並列接続のインピーダンスそのものとなり

$$T_Z(\omega)=-\frac{R_f}{1+j\omega R_f C_f} \tag{5.46}$$

となる。インパルス入力に対する出力は $R_f C_f$ を時定数とする指数関数であるので，式（5.46）は高周波では

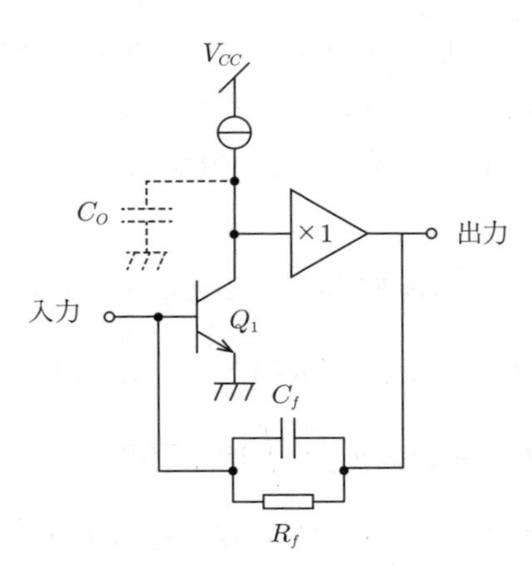

図 5.11　エミッタ接地アンプの回路例

$$\lim_{\omega \to \infty} T_Z(\omega) = -\frac{1}{j\omega C_f} \tag{5.47}$$

となる。一般に入力インピーダンスは $Z_{in} = \dfrac{V_{in}(\omega)}{I_{in}(\omega)} = \dfrac{T_z(\omega)}{G_{open}(\omega)}$ と表すことができる。この回路の場合，高周波での入力インピーダンスは

$$Z_{in} = r_e \frac{C_O}{C_f} \tag{5.48}$$

と得られ，抵抗性であることがわかる。電荷入力のアンプとして使うためには Z_{in} を小さくする必要があるので，帰還容量 C_f は C_O に比べて大きく選ばなければならない。トランジスタの利得がなくなるような高周波数での入力インピーダンスは，Q_1 がなくなったと考えれば C_f そのものとなり，容量性になるはずである。よって，入力インピーダンスはけっして誘導性にならないことがわかる。

エミッタ接地アンプの雑音は，直列雑音についてはベース接地アンプと同じである。並列雑音は，アンプ内部の抵抗に起因する雑音が負帰還によって $\dfrac{C_O}{C_f}$ に抑制されるため，Q_1 のベース電流 I_{B1} のショット雑音と帰還抵抗 R_f の熱雑音だけによって決まる。よって，等価雑音電荷はつぎの式で表される。

$$\mathrm{ENC}_p{}^2 = \left(qI_{B1} + \frac{2k_BT}{R_f}\right)\int W(t)^2 dt \tag{5.49}$$

$$\mathrm{ENC}_s{}^2 = k_BT(r_e + 2r_{bb'})C_D{}^2 \int W'(t)^2 dt \tag{5.50}$$

総合的な雑音はエミッタ接地のほうがベース接地よりいくらか有利になる。一方，初段のコレクタ電流の選択が重要なのはベース接地と同じである。コレクタ電流を大きくとれば r_e が小さくなって直列雑音が減る代わりに，I_{B1} が大きくなるので並列雑音が増えてしまう。したがって，検出器によっておのおの最適値を選ぶということである。また，R_f を大きくとらなければ低雑音にはならない。C_f は負帰還をかけるためにある程度大きくせざるを得ないので，出力波形はベース接地アンプに比べて長い指数テール（p.112 参照）を引いた形になる。

5.3.3 JFET 入力アンプ

図 5.11 のアンプの BJT を JFET で置き換えたのが**図 5.12** の **JFET 入力アンプ**（JFET-input amplifier）である。JFET のゲート電流 I_G は BJT のベース電流よりはるかに小さいので，並列雑音を抑えることが期待できる。

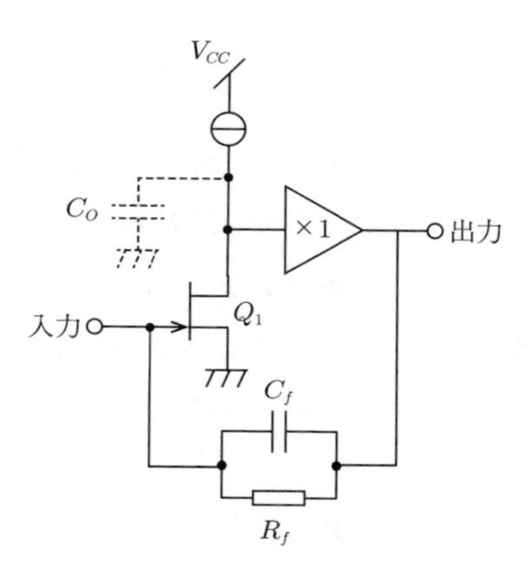

図 5.12　JFET 入力アンプの回路例

JFET のトランスコンダクタンスを g_m として，入力インピーダンスは

$$Z_{in} = \frac{1}{g_m}\frac{C_O}{C_f} \tag{5.51}$$

で表され，伝達関数はエミッタ接地と同じく

$$T_Z(\omega) = -\frac{R_f}{1 + j\omega R_f C_f} \tag{5.52}$$

となる。出力が長い指数テールを引くのは BJT の場合と同じである。

なお，JFET の内部雑音は BJT と違ってショット雑音ではなく，チャネル抵抗の熱雑音である。チャネル抵抗は JFET のトランスコンダクタンス g_m によって $3/2g_m$ で与えられ，その熱雑音の 2 乗平均電流雑音密度は

$$\langle {i_n}^2 \rangle = \frac{8}{3} k_B T g_m \tag{5.53}$$

となる。これを ${g_m}^2$ で割って 2 乗平均電圧雑音密度に変換すれば

$$\langle {e_n}^2 \rangle = \frac{8k_BT}{3g_m} \tag{5.54}$$

となり，これが JFET 入力アンプの直列雑音源である。また JFET はゲートの入力容量 C_{iss} † が大きいので，検出器容量 C_D に C_{iss} を加えて考える必要がある。けっきょくのところ，等価雑音電荷は次式で与えられる。

$$\mathrm{ENC}_p{}^2 = \left(qI_G + \frac{2k_BT}{R_f} \right) \int W(t)^2 dt \tag{5.55}$$

$$\mathrm{ENC}_s{}^2 = \frac{4k_BT}{3g_m}(C_{iss} + C_D)^2 \int W'(t)^2 dt \tag{5.56}$$

一見するとエミッタ接地アンプの場合と似ているように見えるが，I_G と R_f で決まる並列雑音と g_m で決まる直列雑音の間に直接の相関がないので，最適化の仕方は大きく異なる。この点の違いを以下で詳しく見てみよう。

5.4 BJT アンプと JFET アンプの比較

同じような回路形式を使って BJT アンプと JFET アンプの雑音比較をしてみよう。使用するのは 5.3 節で紹介したエミッタ接地アンプと JFET 入力アンプである。

まず BJT アンプのパラメータとして $r_{bb'} = 15\,\Omega$，$h_{fe} = 100$，コレクタ電流として $0.5\,\mathrm{mA}$，$C_f = 1\,\mathrm{pF}$，$R_f = 100\,\mathrm{k\Omega}$ を選ぶ。雑音の観点からは R_f をもっと大きくしたいのだが，ベース電流がアンプの出力から R_f を通して $5\,\mu\mathrm{A}$ 流れているので，これによる電圧降下が $R_f = 100\,\mathrm{k\Omega}$ ですでに $0.5\,\mathrm{V}$ になり，これ以上大きくすると h_{fe} のばらつきによって出力電圧がダイナミックレンジを越える恐れがある。

つぎに JFET アンプのパラメータとして $C_{iss} = 12\,\mathrm{pF}$，$g_m = 10\,\mathrm{mS}$，$C_f = 1\,\mathrm{pF}$，$R_f = 1\,\mathrm{G\Omega}$ を選ぶ。ただし，$10\,\mathrm{mS}$ のトランスコンダクタンスを得るにはドレイン電流をおよそ $2\,\mathrm{mA}$ と，BJT の 4 倍程度流さなければならない。I_G は非常に小さいとして，ここでは無視する。

† C_{iss} は図 2.19 の C_{gd} と C_{gs} の和に相当する。

BJT アンプの等価入力雑音密度は

$$\langle {i_n}^2 \rangle = 1.77 \times 10^{-24} \quad 〔\mathrm{A^2/Hz}〕 \tag{5.57}$$

$$\langle {e_n}^2 \rangle = 6.6 \times 10^{-19} \quad 〔\mathrm{V^2/Hz}〕 \tag{5.58}$$

となり，JFET アンプは

$$\langle {i_n}^2 \rangle = 1.66 \times 10^{-29} \quad 〔\mathrm{A^2/Hz}〕 \tag{5.59}$$

$$\langle {e_n}^2 \rangle = 1.10 \times 10^{-18} \quad 〔\mathrm{V^2/Hz}〕 \tag{5.60}$$

となる。BJT アンプの並列雑音は JFET アンプより大きく，逆に直列雑音は JFET アンプのほうが大きい。

さて，等価雑音電荷を計算するためには重み関数が必要である。アンプのインパルス応答として**図 5.13** に示す左右対称な三角波を仮定すると

$$\int W(t)^2 dt = \frac{2}{3}\tau_m \tag{5.61}$$

$$\int W'(t)^2 dt = \frac{2}{\tau_m} \tag{5.62}$$

が得られる。ここで τ_m は重み関数がピークに達する時間であり，シェーピング時間と呼ばれる。すべてのパラメータを入力して計算すると，BJT アンプについては

$$\mathrm{ENC}_p{}^2 = 2.3 \times 10^{13} q^2 \tau_m \tag{5.63}$$

$$\mathrm{ENC}_s{}^2 = 2.5 \times 10^{19} q^2 C_D^2 / \tau_m \tag{5.64}$$

が得られ，JFET アンプについては

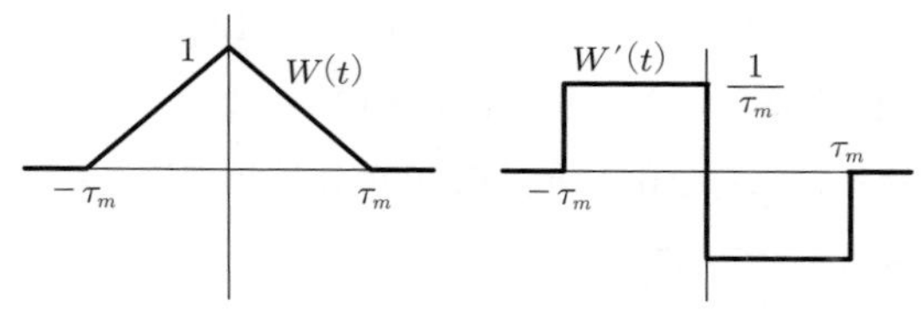

図 5.13　三角波の重み関数 $W(t)$ とその時間微分 $W'(t)$

$$\mathrm{ENC}_p{}^2 = 2.1 \times 10^8 q^2 \tau_m \tag{5.65}$$

$$\mathrm{ENC}_s{}^2 = 4.1 \times 10^{19} q^2 (C_D + C_{iss})^2 / \tau_m \tag{5.66}$$

が得られる。ここで q は電子の電荷である。

このとき $\mathrm{ENC}_p{}^2 = \mathrm{ENC}_s{}^2$ とおいて，雑音が最小になる最適な τ_m とそのときの等価雑音電荷を見てみる（**図 5.14** 参照）。測定器容量はかりに $C_D = 10\,\mathrm{pF}$ とおこう。

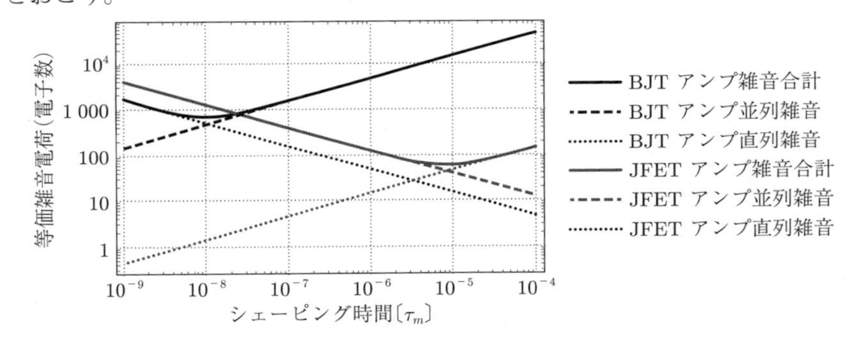

図 5.14 等価雑音電荷とシェーピング時間 τ_m

まず BJT アンプの場合は $\tau_m = 10.5\,\mathrm{ns}$ が最適となり，そのときの ENC は 708 等価電子と得られる。BJT アンプは高速パルスの増幅に向いているといってよいだろう。

また，JFET アンプの場合は $\tau_m = 9.7\,\mathrm{\mu s}$ のときが最適時定数であり，そのときの ENC の計算値は 64 等価電子と得られる。JFET アンプを低速にすると非常に低雑音にできることがわかる。コーナー周波数は当然検出器容量 C_D によるが，大雑把に BJT アンプは 100 ns 以下，JFET アンプは 1 μs 以上と考えてよい。

問 4. 測定器容量が $C_D = 1\,000\,\mathrm{pF}$ の場合，時定数の最適値と ENC はどのようになるか求めよ。

問 5. $C_D = 1\,000\,\mathrm{pF}$ の測定器で時間分解能の要求から時定数を $\tau_m \leq 100\,\mathrm{ns}$ としなければならない場合，プリアンプの入力段は BJT と JFET のいずれを採用するべきか答えよ。

以上の解析は定性的には正しいが，定量的には問題が残る。実際にアンプを製作して雑音を測定してみると，BJT アンプの場合は計算値によく一致するが，JFET アンプの場合は実験値が計算値を大幅に上回るのである。上記のアンプの場合計算値は 64 等価電子であるが，実験室で得られる値は 200 等価電子ほどであり，使用する材料などを十分に吟味しても 180 等価電子程度にはなる。このモデルでは JFET のゲートリーク電流等については考慮されていないが，たとえリーク電流が 1 nA あったところで雑音に寄与する分はわずかであるし，少なくとも著者らはそんなに電流が流れる JFET をいままで取り扱ったことはない。この実験値と計算値の差が p.91 で登場した 1/f 雑音であり，つまるところ原因のわからない過剰雑音である。

ちなみに，MOSFET については以前は 1/f 雑音が多いといわれていた。しかし単体の素子を見る限り（したがって IC 内の素子はわからないが），計測用 FET 入力アンプとして十分使用に耐えるレベルに来ているように思える素子がたくさんある。近年（21 世紀初頭）の大型素粒子実験においてはプリアンプを CMOS ベースの ASIC で実装することが多くなっており，MOSFET 入力アンプの性能の測定と解析が重要になってきている。

5.5 波形の整形

低雑音を達成するためには，直流ゲインを決める抵抗（R_C あるいは R_f）が十分に大きくなければならない。このためプリアンプから出る波形はインパルス入力を積分したものになり，立ち上がりが非常に速く，ゆっくりとした指数関数的なテール（指数テール）をもつ波形になる。このような波形を自分の望む波形にするため，**波形整形回路**（waveform shaping circuit）を用いる。

典型的な波形整形回路は，**図 5.15** のブロック図に示すように

① ポール・ゼロ補償回路を使ってプリアンプ出力の指数テールを短縮する。

② 同じ時定数の積分を多数回繰り返して近似的にガウス波形を得る。

③ ベースライン再生回路でオーバー（アンダー）シュートを打ち消す。

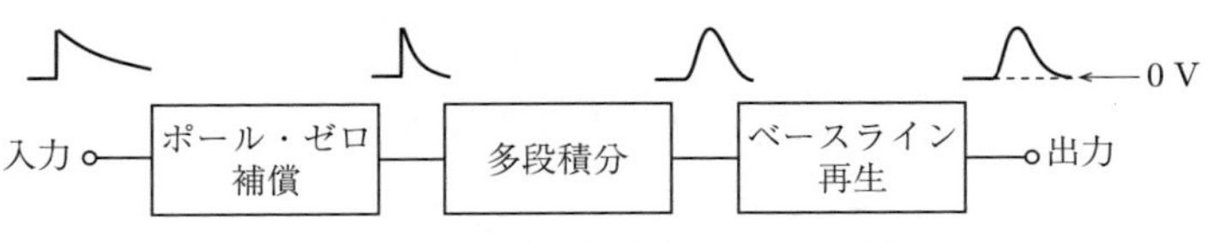

図 **5.15**　波形整形回路のブロック図

の 3 段階からなる。本節では重み関数に直接寄与する最初の 2 段階を解説し，ベースライン再生回路は 6.2.5 項で紹介することにする。

プリアンプの出力信号につきものの長い指数テールを短くするには，短い時定数の RC 微分回路を用いればよい。しかし単純に容量と抵抗とを直列につないで微分したのでは，信号の後ろ部分にアンダーシュートが生じてしまう。そこで，元の信号を減衰させて足し算すればアンダーシュートなしに信号が短くなる。これを実現するのが**図 5.16** のポール・ゼロ補償回路である。

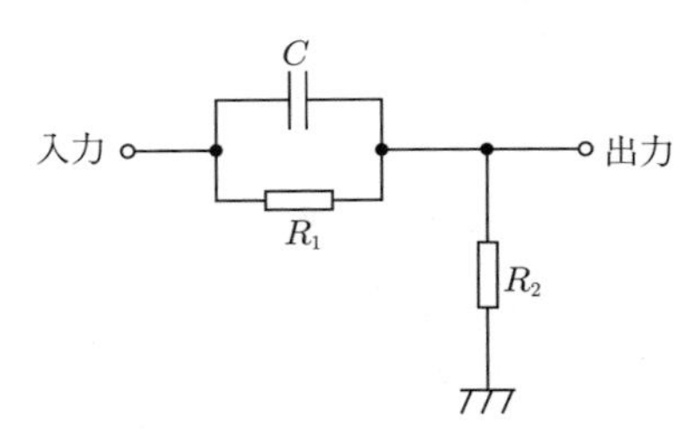

図 **5.16**　ポール・ゼロ補償回路の例

この回路の伝達関数は

$$T(\omega) = \frac{R_2}{R_1 /\!/ (1/j\omega C_1) + R_2} = \frac{R_2}{R_1 + R_2} \frac{1 + j\omega C R_1}{1 + j\omega C (R_1 /\!/ R_2)} \tag{5.67}$$

で与えられる。ここで $(R_1 /\!/ R_2)$ は R_1 と R_2 の並列抵抗なので，R_1 より小さい。よって，分子の時定数 CR_1 に比較して，分母の時定数 $C(R_1 /\!/ R_2)$ が短いことがわかる。これを時定数 $C_f R_f$ をもつプリアンプの後ろに取りつけると，伝達関数は

$$T(\omega) = \frac{R_f}{1 + j\omega C_f R_f} \frac{1 + j\omega C R_1}{1 + j\omega C (R_1 /\!/ R_2)} \frac{R_2}{R_1 + R_2} \tag{5.68}$$

となる。ここで $C_f R_f = CR_1$ となるように CR_1 を選べば，$1 + j\omega C_f R_f$ と $1 + j\omega CR_1$ が相殺して，時定数が $C(R_1 /\!/ R_2)$ へ変換される。すなわち

- CR_1 をプリアンプの時定数と一致させ，
- $C(R_1 /\!/ R_2)$ が求める時定数になるように R_2 を選ぶ

ようにすればよい。

さて，ポール・ゼロ補償回路で指数型波形の時定数を $\tau = C(R_1 /\!/ R_2)$ に直した後，同じ時定数で RC 積分を n 回行ってみよう。一回積分するごとに伝達関数に $(1 + j\omega\tau)^{-1}$ がかかるので，全体の伝達関数は直流増幅率を G_0 とおいて

$$T(\omega) = G_0 \frac{1}{(1 + j\omega\tau)^{n+1}} \tag{5.69}$$

となる。この回路のインパルス入力に対する時間応答は伝達関数をフーリエ変換すれば得られる†。その結果は

$$F(t) = \frac{G_0}{\tau} \frac{(t/\tau)^n}{n!} e^{-t/\tau} \tag{5.70}$$

となり，これは n 次のポアソン関数であるので，n を大きくすることによってガウス関数に近づく。このように同じ時定数で多数回積分する回路をガウス積分回路（p.128 参照）と呼び，$(C\text{-}R)(R\text{-}C)^{n-1}$ と表す。実用的には，$n = 4$〜8 程度までで十分によい出力波形が得られる。

問 6. 式（5.70）をフーリエ変換すると式（5.69）が得られること，すなわち

$$\int_0^\infty F(t) e^{-j\omega t} dt = T(\omega)$$

を示せ。

ポール・ゼロ補償回路とガウス積分回路は波形整形の基本である。なお，ここでは抵抗とキャパシタンスのみで記述したが，現実には能動素子（例えばオペアンプ）が必須であり，低電力と高速性を両立させる実装が求められる。実際の回路例については 6 章で紹介する。

† 伝達関数から波形への変換はフーリエ変換よりも付録 A のラプラス変換を用いるほうが便利である。

6章 回路設計の具体例

さて，バイポーラトランジスタとFETの役目はよく理解されたと思う。本章では，さまざまなアンプの設計を実際にやってみたい。BJTアンプにはベース接地とエミッタ接地がある。ベース接地は回路選択の余地はあまりないが，エミッタ接地は目的に応じていくつかの回路が考えられるのでその具体的な設計を紹介する。なお，使用するトランジスタについては，アンプを低雑音にするために $r_{bb'}$ の値が r_e と同程度かもしくはより小さいものを選ぶべきであろう。

6.1 プリアンプの設計

プリアンプを設計するにあたっては，どのような検出器を読み出すために使われるのかを理解する必要がある。放射線計測に使われる典型的な検出器として，つぎの2種類を想定しよう。出力信号の時間特性の違いに注意されたい。

- **ワイヤチェンバ：**　ガスを満たした箱の中に細い金属ワイヤを多数張った装置で，荷電粒子が通過する位置の測定に用いられる。ワイヤチェンバの信号はスパイク状（時間幅1 ns程度）の主要部と，ゆっくり減衰する（時定数10 μs程度）テール部から成り立つ。粒子の通過頻度が高いときは，このテールをいかに抑制するかが重要になる。
- **液体アルゴンカロリメータ：**　薄い金属板を2 mm程度の間隔で重ねたものを液体アルゴンに浸した装置で，放射線のエネルギーの測定に用いられる。カロリメータの信号は1 μs程度の幅があり，読み出し回路はそれを時間積分して電荷の量を測定する。エネルギー分解能はプリアンプの雑音の多寡で決定されるので低雑音かつダイナミックレンジの広い回路が求められる。

6.1.1　ベース接地プリアンプ

ワイヤチェンバに利用される高速アンプの一種であるが，雑音の観点からはエミッタ接地プリアンプと比較して不利である。あえていえば高入力容量の検出器を高速に読み出すためのアンプといえよう。

標準的な回路例は図 **6.1** のようにベースをグランドへつなぎ，エミッタを抵抗 R_E で負電源へつないで初段のトランジスタのコレクタ電流を決定するものである。R_E と R_C はできるだけ大きいほうが雑音が小さくなるが，電源電圧によって制限される。

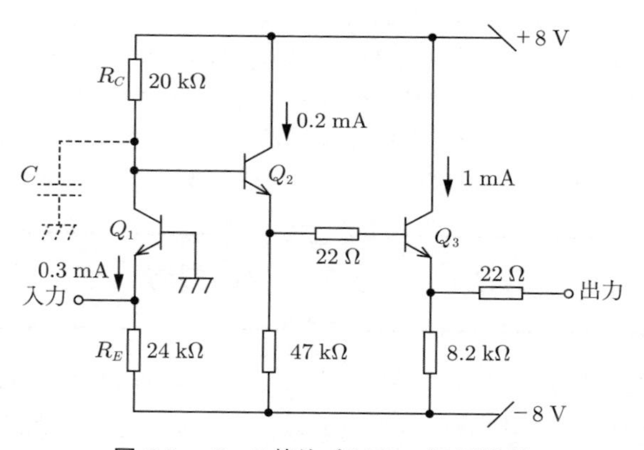

図 **6.1**　ベース接地プリアンプの回路例

ベース接地プリアンプは並列雑音が多いので，まず電源電圧を大きくとり，なおかつコレクタ電流をなるべく小さくとる必要がある。ここでは電源電圧として ±8 V を選んでコレクタ電流を 0.3 mA にとってみる。すると R_E は

$$R_E = \frac{8\,\mathrm{V} - 0.7\,\mathrm{V}}{0.3\,\mathrm{mA}} \simeq 24\,\mathrm{k\Omega}$$

となる。つぎはコレクタ電圧をいくらにするかであるが，せめて 2 V 程度のダイナミックレンジはほしいと思う。すると R_C はすぐに計算できて

$$R_C = \frac{8\,\mathrm{V} - 2\,\mathrm{V}}{0.3\,\mathrm{mA}} = 20\,\mathrm{k\Omega}$$

になる。アンプが受け入れることができる入力電荷の最大値は Q_1 のコレク

タまわりの寄生容量 C との兼ね合いで決まり，これをかりに 1 pF とすれば，$2\,\mathrm{V} \times 1\,\mathrm{pF} = 2\,\mathrm{pC}$ になる。

電流-電圧変換が終わったのでエミッタフォロワにつないでみると，Q_2 の出力電位は $2\,\mathrm{V} - 0.7\,\mathrm{V} = 1.3\,\mathrm{V}$ である。この段に電流を多く流すと並列雑音が増えるので，初段よりも少ない 0.2 mA 流すことにする。すると Q_2 のエミッタから −8 V へ，47 kΩ でつなぐことになる。

ここで，アンプの出力が 50 Ω の同軸ケーブルを接続できるようにしたいので，もう 1 段エミッタフォロワを加える。ケーブルとのインピーダンス整合のためには出力インピーダンスを 50 Ω に設定すべきである。そこで，Q_3 に 1 mA 流すと仮定して，出力インピーダンスを計算してみよう。まず Q_2 のベース側のインピーダンスは $R_C = 20\,\mathrm{k\Omega}$ によって与えられる。Q_2 のエミッタ側から見たインピーダンスは

$$\frac{R_C}{h_{fe2}} + r_{e2} = \frac{20\,\mathrm{k\Omega}}{100} + \frac{25\,\mathrm{mV}}{0.2\,\mathrm{mA}} = 325\,\Omega \tag{6.1}$$

であり，これに Q_2 と Q_3 の間の 22 Ω を加えて Q_3 のエミッタ側から見ると

$$\frac{325\,\Omega + 22\,\Omega}{h_{fe3}} + r_{e3} = \frac{347\,\Omega}{100} + \frac{25\,\mathrm{mV}}{1\,\mathrm{mA}} = 28.5\,\Omega \tag{6.2}$$

となる。したがって出力インピーダンスを 50 Ω に近づけるには Q_3 のあとにもう一つ 22 Ω を加えればよいことがわかる。また，Q_3 のエミッタ電圧は 0.6 V 程度であるので，バイアス電流用の抵抗が 8.2 kΩ（正確には 8.6 kΩ であるが，E24 にその値がないため）になる。

このアンプの消費電力は ±8 V に合計 1.5 mA の電流を流すので 24 mW であり，その大半は最終段のトランジスタで消費される。すなわち，ケーブルドライバは電力を消費するのである。

図 6.2 は 1985 年の論文[3)] に発表されたプリアンプ回路で，ワイヤチェンバを $1\,\mathrm{cm}^2$ 当り毎秒 10^8 以上の信号頻度で動作させたと報告されている[†]。

† 日本でも中性 K 中間子希崩壊の実験，KEK E162 で用いられたワイヤチェンバがビーム中心付近でワイヤ 1 本当り 1 MHz で動作した。粒子の種類が異なるので直接比較はできないが，文献3) のそれは，KEK E162 の 1 桁以上高い値である。

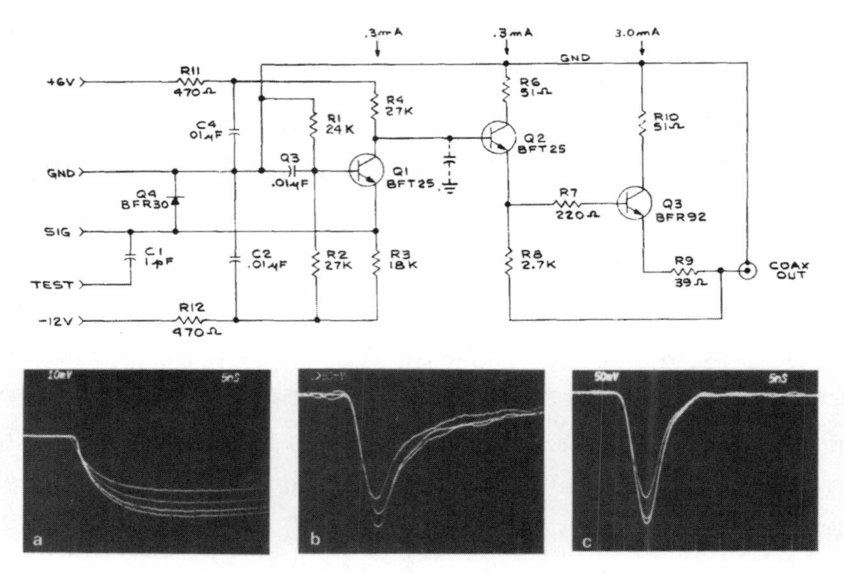

図 6.2　高レート用ベース接地プリアンプ
〔J. Fisher *et al.*[3] Fig.3 および Fig.5 より転載〕

このプリアンプでは +6 V と −12 V の電源を用いて，初段トランジスタのベース電圧をグランドから 24 kΩ の抵抗と −12 V から 27 kΩ の抵抗で約 −5.6 V にバイアスしてある。すると，エミッタ抵抗が 18 kΩ なのでエミッタ電流が約 0.3 mA 流れる。また，コレクタ抵抗が 27 kΩ であるのでコレクタ電圧は −1.56 V になる。この出力にコレクタをグランドにつないだエミッタフォロワを 2 段取りつけ，最終出力段に 3 mA 流す。通常こんなことをすると最低でも 50 mW は消費するが，このプリアンプは最終段のエミッタ抵抗を同軸ケーブルの受信側に取りつけることでわずか 18 mW に抑えている。これは検出器側の消費電力をほぼ極限まで削った，芸術的なベース接地プリアンプである。図の下のオシロスコープによる波形写真は，左から順にプリアンプの出力，波形整形回路でプリアンプの指数関数テールを除去した波形，さらにワイヤチェンバ自体のテールを除去した波形を示す。最終的な出力波形はおよそ 15 ns のパルス幅にまで縮められている。

6.1.2　エミッタ接地プリアンプ

エミッタ接地プリアンプにはいくつかの回路が考えられる。まずカスコード接続とするかしないかという選択肢があり，する場合には通常のカスコード接続とするか，折り曲げカスコード接続とするかという選択肢がある。はじめはカスコード接続でない例から議論しよう。

〔1〕ノンカスコードアンプ　**図 6.3** に示すように，エミッタ接地アンプのコレクタにエミッタフォロワを取りつける。後段のインピーダンスが高いのならばこのままでよいが，ここではケーブルを接続することを仮定して，もう 1 段エミッタフォロワを加える。出力から入力へ抵抗と容量で負帰還をかけるわけだが，ここでは 1 pF を Q_2 から，100 kΩ を Q_3 からつないである。負帰還の容量を Q_2 につないだのは，Q_3 をバイパスすることによってセカンドポールの影響をなるべく避けようという考えからである。

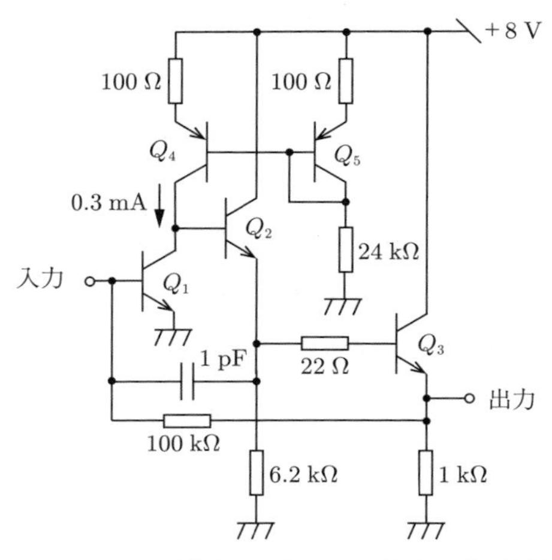

図 6.3　エミッタ接地ノンカスコードアンプの回路例

オープンループ利得を高くとるにはいくつか方法があるが，最も簡単なのが定電流負荷である。図のアンプでは Q_4 と Q_5 の PNP 型トランジスタを電流ミラーに組んで定電流負荷として使用している。Q_1 のバイアス電流は Q_5 によって決定されており

$$\frac{8\,\mathrm{V}-0.7\,\mathrm{V}}{100\,\Omega+24\,\mathrm{k}\Omega}\simeq 0.3\,\mathrm{mA}$$

となる。Q_3 のエミッタ電圧は負帰還によって Q_1 のベース電圧と同じ $+0.7\,\mathrm{V}$ になるはずだが，Q_1 のベース電流が帰還抵抗の $100\,\mathrm{k}\Omega$ を流れているのでその分の電圧降下が加わって

$$0.7\,\mathrm{V}+\frac{0.3\,\mathrm{mA}}{100}100\,\mathrm{k}\Omega=+1.0\,\mathrm{V}$$

となる（上式の第 2 項の分母は Q_1 の電流増幅率 h_{fe} である）。Q_2 のエミッタ電圧はさらに $0.7\,\mathrm{V}$ 高い $+1.7\,\mathrm{V}$ である。したがって，Q_2 と Q_3 のバイアス電流は $1.7\,\mathrm{V}/6.2\,\mathrm{k}\Omega=0.27\,\mathrm{mA}$ と $1.0\,\mathrm{V}/1\,\mathrm{k}\Omega=1\,\mathrm{mA}$ である。

エミッタ接地プリアンプのベース接地プリアンプに対する利点は，利得を決めるフィードバック抵抗とコレクタ電流とが独立に選べることである。さらに，単一電源で動作させられるので消費電力的にも非常に有利である。欠点は初段のトランジスタのベース・コレクタ間容量 C_{re} がフィードバック容量 C_f と並列になるので，ミラー効果によって利得が計算よりも小さくなる恐れがあることである。よって初段のトランジスタのパラメータには十分注意が必要であり，利得はあまり高くとれない。また出力が NPN 型のエミッタフォロワであり $-$ 方向のダイナミックレンジが限られているので，正電荷出力の検出器（反転アンプであることに注意）には不適切である。

〔2〕カスコードアンプ　初段のトランジスタの C_{re} が C_f と並列になることの影響は，カスコード接続によってミラー効果を抑制すれば大きな問題ではなくなる。**図 6.4** のように入力段のトランジスタ Q_1 のコレクタにカスコード用トランジスタ Q_2 のエミッタをつなぎ，ベースにバイアス電圧をかける。負荷には図 6.3 と同じく PNP 型トランジスタの電流ミラーを使用して，エミッタフォロワ 2 段を出力に用いる。こうすることにより，利得はほぼ C_f によって決まるようにできる。

Q_3 と Q_4 のバイアス電圧は前述のノンカスコードアンプとまったく同じで，Q_4 のエミッタが $1.0\,\mathrm{V}$，Q_3 のエミッタが $1.7\,\mathrm{V}$，Q_3 のベースが $2.4\,\mathrm{V}$ となる。

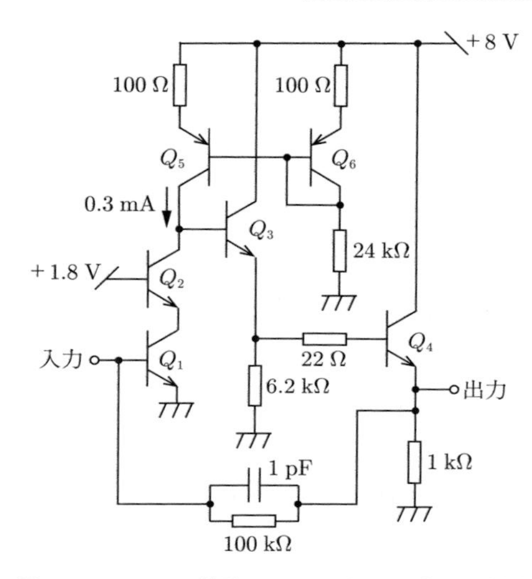

図 6.4　エミッタ接地カスコードアンプの回路例

ということは Q_2 と Q_1 の二つのトランジスタを 2.4 V に収めなければならないので，カスコード接続のトランジスタのベース電圧の選択が難しい。Q_1 と Q_2 がいずれも飽和しないようにすると，Q_2 のベース電圧としては 1.8 V 付近のほとんど 1 点しかない。結果的に，ノンカスコードアンプと比較してさらにダイナミックレンジが縮まってしまう。

〔3〕折り曲げカスコードアンプ　これらの問題をまとめて解決できるのが折り曲げカスコード接続である。**図 6.5** のように通常の NPN 型エミッタ接地アンプのコレクタに PNP トランジスタ Q_2 のエミッタをつなぎ，ベースにバイアスをかける。+ 電源から Q_2 のエミッタにつないだ抵抗（1.6 kΩ）が，Q_1 のコレクタ電流と Q_2 のエミッタ電流の和を決める。さらに，Q_2 のコレクタに負荷をつけ，エミッタフォロワ 2 段を取りつけて出力からフィードバックをかける。

Q_2 のコレクタ負荷には電流源がよく使用される。正負両電源が必要ではあるが，ダイナミックレンジを広くとることができる。例えば，図では ±5 V 電源を用いて Q_1，Q_2，Q_3 にそれぞれ 0.3 mA ずつ，Q_4 に 1 mA バイアス電流

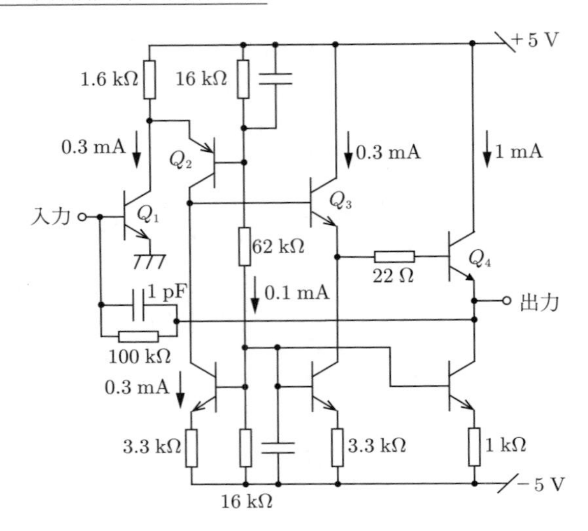

図 6.5　エミッタ接地折り曲げカスコードアンプの回路例

を流してある。バイアス電流の選択の自由度が高く，オープンループ利得を広い範囲で自由にとれる。すなわち極端に高いオープンループ利得も設計次第で可能となる。

ただし，折り曲げカスコードアンプも必ずしもよいことばかりがあるわけではない。信号の伝播ルートにベース接地アンプ（Q_2）という信号を遅らせる可能性があるものが入っていることが高次ポールの原因になる。そのため，位相補償用容量が必要になることが多い。事実，高周波フィードバックアンプでカスコード接続されているものはまれであり，市販のオペアンプの中でも超高周波用アンプとしてカスコードアンプが採用されている例はない。したがって，高速ワイヤチェンバや光電子増倍管読み出しのプリアンプとしてはこのタイプは向いていない。比較的遅くてもよいフォトダイオード読み出しや，波形サンプリングをするタイプのワイヤチェンバなどにはよい選択であろう。

6.1.3　JFET 入力プリアンプ

JFET と MOSFET を入力段に使用したプリアンプを紹介しよう。基本的回路はエミッタ接地の折り曲げカスコードアンプと同じである。BJT を用いたアンプとの違いはゲートソース間電圧 V_{GS} が素子によってさまざまであることと，ゲート電流が実質 0 であることである。ゲート電流を考慮せずに済むので帰還抵抗 R_F を大きくすることができ，並列雑音を極小にできる可能性がある。さらに MOSFET の場合には $V_{GS} > 0$（エンハンスメントモード，p.51 参照）の素子が使えて，単一電源にできる可能性もある。

JFET 入力プリアンプの魅力はその低雑音にある。動作モードはデプリションモード（p.51 参照）になる（すなわち，$V_{GS} < 0$ で動作する）ので正負両電源が必要ではあるが，容易に 200 等価電子以下を実現できるのである。これは低雑音を重視する用途に非常に適している。

ただし，最も低雑音になる FET のパラメータは，じつは実験的にしかよくわからない。著者らが調べた結果，ドレイン電圧として 5 V 付近なら問題がなく，最適とはいえないかもしれないが十分な性能を出す環境であるといえる。これを基準にして JFET 入力アンプを設計してみよう。

JFET 入力プリアンプには比較的大きな電源電圧が必要であるので，今回は ±8 V で設計をする。JFET の入力容量の大きさとゲート電圧が負であることを考慮すると，折り曲げカスコードアンプを採用することがほとんど必然となる。**図 6.6** の回路例に示すように，ソース接地としたカスコード接続のトランジスタのベースに +4.3 V 程度のバイアスをかけ，電流源を負荷とする。入力トランジスタが BJT の場合は並列雑音を抑えるためにコレクタ電流を少なく（0.3 mA 程度）設定したが，FET の場合は直列雑音を決める g_m を稼ぐためにドレイン電流を大きくする必要がある。図では Q_1 に 3 mA，Q_2 に 0.3 mA 流す。また，帰還抵抗は雑音を減らすために 1 GΩ にしてある。その分指数テールが長くなるが，波形整形回路でポール・ゼロ補償すれば問題ない。出力段はエミッタフォロワ 2 段として，初段に 0.3 mA，出力段に 3 mA 流しておく。Q_3 と Q_4 のバイアス電流は図では電流源にしたが，負電源の電圧（−8 V）に余裕があるので抵抗でもよい。

MOSFET 入力プリアンプも同じように設計してみる。回路のパラメータは JFET 入力の場合と基本的に同じにしてみよう。エンハンスメントモードの

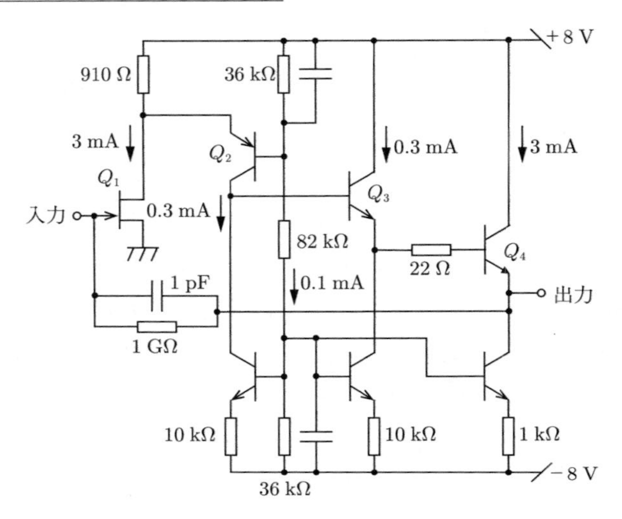

図 **6.6**　JFET 入力プリアンプの回路例

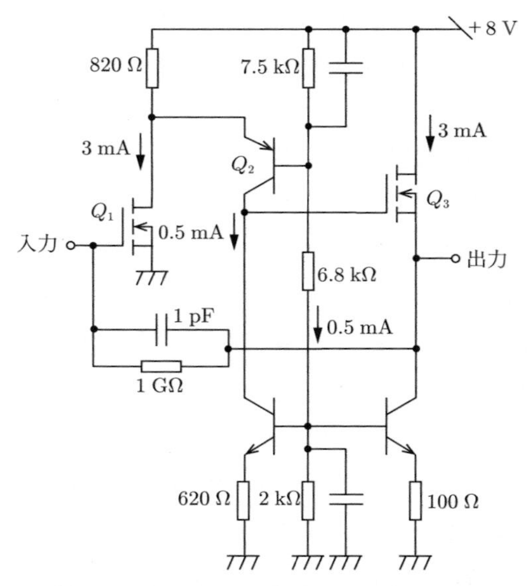

図 **6.7**　MOSFET 入力プリアンプの回路例

MOSFET を使えば JFET と違って単電源にできるので，ここではその長所を生かすことにする。図 **6.7** の回路例では，出力段も MOSFET1 段にしてドレイン電流を 3 mA 流してみた。Q_3 の下は電圧に余裕がないので抵抗ではなく定電流源にしてある。出力段はエミッタフォロワ 2 段でもよいが，その場合もエミッタ電流は電流源で供給するべきである。

6.2 波形整形回路の設計

波形整形回路はポール・ゼロ補償回路とその後に続く積分回路，そしてベースライン再生回路に分けることができることは 5.5 節で紹介をした。ただし，具体的な設計についてはその速度によってさまざまである。例えば時定数 1 μs のパルス波形整形であれば市販のオペアンプを使用した回路で十分であるが，時定数 100 ns 以下になり始めると個別のトランジスタで組んだものでなくてはできない領域になる。またポール・ゼロ補償回路も，補償すべき時定数の範囲によって回路自体が変わる。

なお，ポール・ゼロ補償回路の働きは出力波形のテールを縮めるだけではない。ワイヤチェンバに特有の信号のテールは指数関数ではなく $1/t$ に比例するが，時定数を変えたポール・ゼロ補償を 2，3 回重ねることによって近似的にこのテールを消去することが可能である。極端な例として，非常に高速のワイヤチェンバなどでは積分をしないでポール・ゼロ補償だけで直接ディスクリミネータ（7.2.1 項参照）へ入力をするケースがある。積分はアンプの速度で行われていると考えてしまうわけである。

いずれにせよ，高速信号処理においてはあまり標準的な回路はなく，設計者のカットアンドトライで動作させているというのが現状といっていいだろう。したがって一般的な議論は難しいので，ここでは比較的遅い信号の場合のパルス整形法と，高速ワイヤチェンバなどのような用途に目的を限って議論をすることにする。

6.2.1 ポール・ゼロ補償回路

ポール・ゼロ補償回路としては図 5.16 に示した原理回路そのものを直接使用

することができる。プリアンプのドミナントポールをキャンセルする為にはゼロの時定数が調整できる必要があるが，それには図 5.16 の R_1 を可変抵抗にすればよい。本章で示す実用回路では可変抵抗の使用法を工夫して，ゼロの時定数を広い範囲で調整できるように設計してある。

さて，オペアンプを用いた回路構成としては基本回路から電圧を直接取り出す（電圧モード）か，電流を取り出して電圧に変換するか（電流モード）の 2 種類が考えられる。

図 6.8 が電圧モードのポール・ゼロ補償回路である。可変抵抗 R_V の可動端子を一番上にセットした状態を考えると，入力と R_1 が直結されるので R_V はないのと同じであり，基本回路から電圧出力をオペアンプバッファでとった形になる。このときの伝達関数は式（5.67）で示したように

$$T_{top}(\omega) = \frac{R_2}{R_1 + R_2} \frac{1 + j\omega C R_1}{1 + j\omega C(R_1 /\!/ R_2)} \tag{6.3}$$

であり，ポールとゼロの時定数がそれぞれ $C(R_1 /\!/ R_2)$ と CR_1 になる。また，可変抵抗の可動端子を一番下にセットすると，R_1 がグランドに直結されて単なる微分回路になる。伝達関数は

$$T_{bottom}(\omega) = \frac{j\omega C(R_1 /\!/ R_2)}{1 + j\omega C(R_1 /\!/ R_2)} \tag{6.4}$$

であり，ポールの時定数は $C(R_1 /\!/ R_2)$ で変わらないが，分子の実数項（1+）がなくなったのはゼロの時定数が無限大になったことと等価である。可変抵抗を変化させることによって，ゼロの時定数を CR_1 から無限大まで調整できるわけだ。R_V の公称値自体はいくらでもよいのだが，R_1 に近い値を選ぶと時定

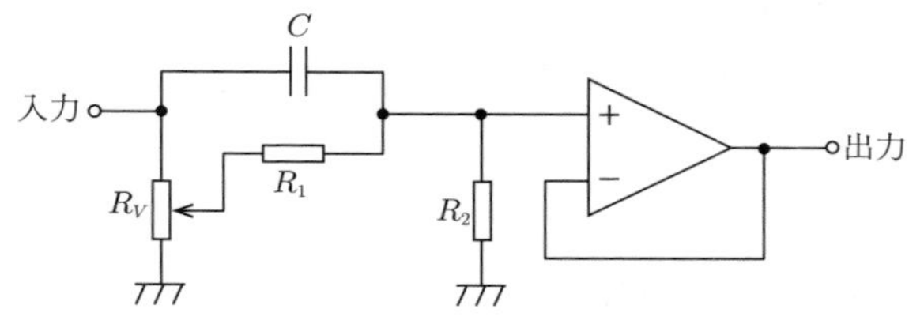

図 **6.8**　電圧モードのポール・ゼロ補償回路

数の調整が容易である。このタイプのポール・ゼロ補償回路は波形を短縮して速い高速時間信号を出したい用途に向いているが，そのためにはバッファ用のオペアンプが高速である必要がある。

図 6.9 が電流モードのポール・ゼロ補償回路である。入力から C と抵抗 R_2 の直列回路と抵抗 R_1 とを通って得られた電流がオペアンプの帰還抵抗 R_f で電圧に変換される形になる。可変抵抗を一番上にセットしたときの伝達関数は

$$\begin{aligned} T_{top}(\omega) &= -\frac{R_f}{R_1 \,/\!/\, (R_2 + 1/j\omega C)} \\ &= -\frac{R_f}{R_1}\frac{1 + j\omega C(R_1 + R_2)}{1 + j\omega C R_2} \end{aligned} \tag{6.5}$$

で得られる。ポールとゼロの時定数は CR_2 と $C(R_1 + R_2)$ となる。可変抵抗を一番下にセットすると R_1 がないのと同じになって，伝達関数が

$$T_{bottom}(\omega) = -\frac{j\omega C R_f}{1 + j\omega C R_2} \tag{6.6}$$

となる。ポールの時定数は変わらず，ゼロは無限大となる。時定数が可変抵抗で調整可能なのは図 6.8 の回路と同じである。

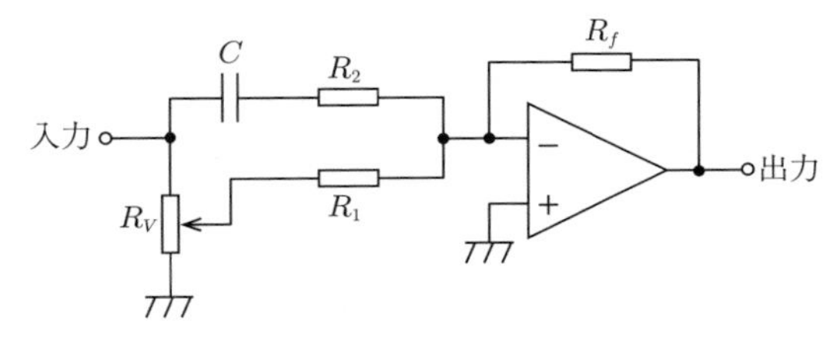

図 6.9　電流モードのポール・ゼロ補償回路

図 6.9 の回路はオペアンプの帰還抵抗 R_f を容量に替えることによって反転積分回路に直接入力できるので，ポール・ゼロ補償の後に波形を積分する用途に向いている。その場合にはオペアンプは必ずしも高速である必要がないので，これは非常に使いやすい補償回路である。

問 1. 式（6.5）を導出せよ。

6.2.2　低速信号用積分回路

p.114 で導入した**ガウス積分回路**（Gaussian integrating circuit）は，同じ時定数で積分を繰り返すことによってガウス関数に近い波形を実現する。時定数が数 10 ns 以上の比較的遅い信号であれば，オペアンプで波形整形回路を構築できる。オペアンプ 1 個につき 2 回積分できる回路がいろいろあるので，使いやすいものをいくつか紹介する。**図 6.10** に示すのは最もよく見る反転 2 回積分回路で，オペアンプ一つで 2 回積分できることになる。直流ゲインは入力抵抗 $R_1 + R_2$ と帰還抵抗 R_3 との比で決めることができる。伝達関数を求めるにはオペアンプの仮想接地を用いて R_2 を流れる電流を求めてから，その電流が R_3 と C_2 を流れるとして出力電圧を求めればよく

$$T(\omega) = \frac{R_2 /\!/ (1/j\omega C_1)}{R_1 + (R_2 /\!/ (1/j\omega C_2))} \frac{R_3 /\!/ (1/j\omega C_1)}{R_2}$$
$$= \frac{R_3}{R_1 + R_2} \frac{1}{(1 + j\omega C_1(R_1 /\!/ R_2))(1 + j\omega C_2 R_3)} \tag{6.7}$$

で表される。すなわち，時定数が共通になるように $\tau = C_1(R_1 /\!/ R_2) = C_2 R_3$ と選ぶことによって 2 次のポアソン関数になる。

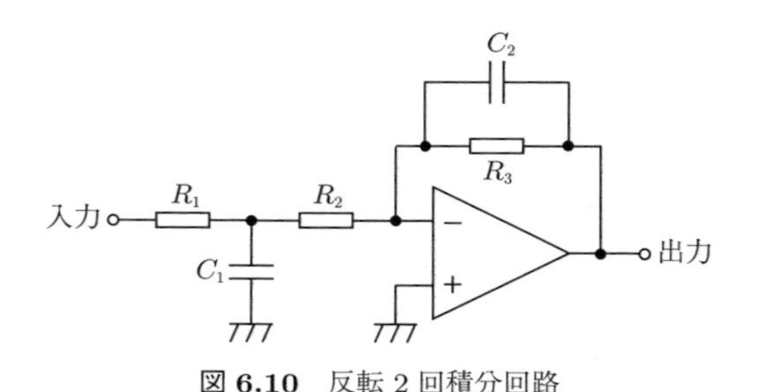

図 6.10　反転 2 回積分回路

図 6.11 は電流入力反転 2 回積分回路で，前ページで述べた電流モードのポール・ゼロ補償回路と組み合わせやすい。ただし，オペアンプは 1 個だが ×1 で示したバッファ回路が別に必要である。オペアンプの出力から容量 C_1 で入力へ負帰還をかけ，出力に R_2-C_2 積分を行ってバッファへ入力する。加えて，そのバッファの出力から R_1 で負帰還を 2 重にかける。伝達関数を計算するには，

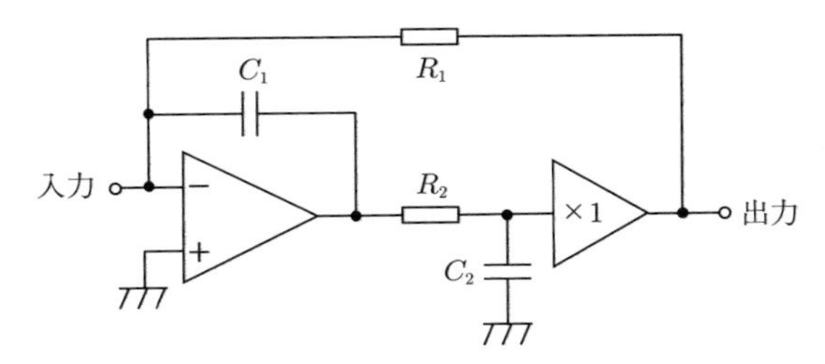

図 6.11 電流入力反転 2 回積分回路

R_1 を左向きに流れる電流 $\dfrac{V_{out}}{R_1}$ から I_{in} を差し引いたものが C_1 を流れるとしてオペアンプの出力電圧を求めてから，R_2 と C_2 の電圧分割を通して V_{out} に戻るという方程式を解けばよい。結果は

$$T(\omega) = \frac{R_1}{1 + j\omega R_1 C_1 - R_1 C_1 R_2 C_2 \omega^2} \tag{6.8}$$

となる。2 次のポアソン関数にするにはパラメータを $R_1C_1 = 2\tau$ かつ $R_2C_2 = \tau/2$ と選べばよい。

非反転 2 回積分回路は，クローズドループ利得が有限値のアンプを使って構成するのが普通であるが，**図 6.12** のように利得 1 倍のアンプを使うと伝達関数が簡単になる。抵抗 2 本（R_1，R_2）を直列につないでアンプに入力し，その入力を容量 C_2 でグランドへつないで，アンプの出力から容量 C_1 で 2 本の抵抗の接続点に負帰還をかける。伝達関数の算出は読者に任せるとして，結果は

$$T(\omega) = \frac{1}{1 + j\omega(R_1 + R_2)C_2 - \omega^2 R_1 R_2 C_1 C_2} \tag{6.9}$$

となり，$R_1 = R_2$，$C_1 = C_2$ と選んで $\tau = R_1C_1 = R_2C_2$ とおくことによって 2 次のポアソン関数になる。

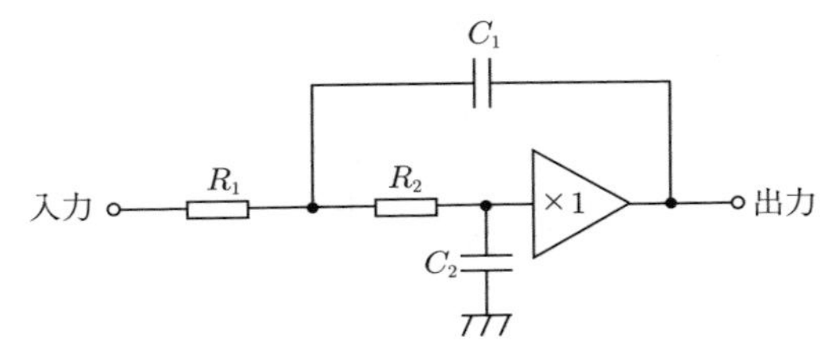

図 6.12 非反転 2 回積分回路

問 2. 式 (6.9) を導出せよ。

6.2.3 高速信号用積分回路

高速信号積分にはこれといった標準回路のようなものはなく，信号に応じて設計者が自身で設計をするというのが通例である。しかし，それでは何の手がかりもなくなってしまうのでいくつか例を挙げる。

図 6.13 はエミッタ接地アンプを原型にした電流モードの高速反転 2 回積分回路である。プリアンプがエミッタ接地の場合，出力バイアス電圧を対応させるのに適している。入力の 10 pF と 910 Ω と R_Z はポール・ゼロ補償で，R_Z の値は入力信号のテールの時定数に合わせて調整する。アンプ自体はノンカスコードエミッタ接地プリアンプとまったく同じ回路形式で，出力段の Q_2 と Q_3 の間に 200 Ω と 22 pF の積分回路を挟んでから，Q_2 と Q_3 のそれぞれの出力から 10 pF と 1.8 kΩ で入力に帰還をかけてある。図 6.11 の回路と比較すれば，これが電流入力反転 2 回積分回路であることがわかるだろう。また，ここでは積分時定数を $\tau = 9\,\mathrm{ns}$ に選んだ。すなわち

$$\tau_1 = 1.8\,\mathrm{k\Omega} \times 10\,\mathrm{pF} = 18\,\mathrm{ns} = 2\tau$$

$$\tau_2 = 200\,\Omega \times 22\,\mathrm{pF} = 4.4\,\mathrm{ns} = \tau/2$$

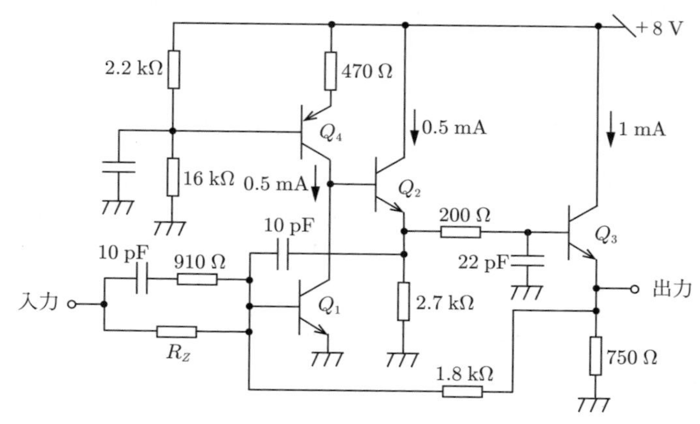

図 6.13　高速反転 2 回積分回路の例

となる。このような回路では出力波形が本当に考えたとおりになっているかどうかを試作回路でパラメータサーチして，調整をしたほうがよい。

積分の時定数が 5 ns 以下の超高速パルスが必要な場合，負帰還を用いた積分回路は使えなくなる。かといって RC 積分の 1 段ごとにバッファアンプを入れていくと消費電力が増大する。これらの問題を解決するのが**図 6.14** に示す超高速の多段（4 回）積分回路である[4)]。ベース接地アンプを多数直列に並べてそれぞれのコレクタに容量 C を取りつけ，トランジスタの r_e と C の組み合わせによって高速積分を行う。五つ（元論文の回路では七つ）並んだトランジスタのベース電圧は抵抗ラダーで等間隔にバイアスがかけられていて，すべてのトランジスタに共通のコレクタ電流 $I_C = 0.2\,\mathrm{mA}$ が流してある。信号は左端のポール・ゼロ補正回路から入ってトランジスタの梯子（はしご）を左から右に通るのだが，梯子の各段ごとに容量 C とエミッタの r_e によって積分される。積分の時定数は

$$\tau = r_e C = \frac{25\,\mathrm{mV}}{I_C} C \qquad (6.10)$$

なので，流す電流の値で積分時定数が変えられる点が面白い。ダイナミックレンジを確保するためには，積分の 1 段ごとに最低 2〜2.5 V の電圧差が必要なので，ポアソン関数の次数を稼ごうとすると高い電圧が必要になる。元論文の回路では時定数 1.2 ns での 6 回積分を ±12 V で実現している。また，大きな信号が入ると r_e が変化するので，波高によって積分時定数が変わることが問題になる可能性がある。

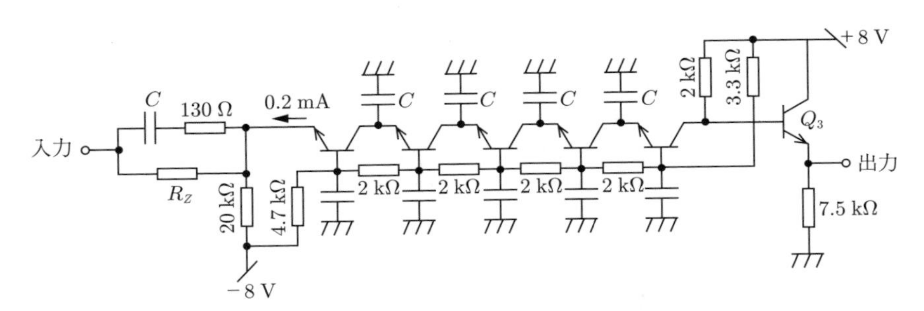

図 6.14　高速（非反転）4 回積分回路の例

6.2.4 電流帰還を使った波形整形回路

アンプを設計しているとバイアス電圧が合わずに電圧変換（レベルシフト）が必要となることがよくある。例えば図 6.3 のエミッタ接地ノンカスコードアンプや，図 6.13 の高速 2 回反転積分回路では，出力電圧が入力段のエミッタ接地に縛られて +0.7 V 付近になり，単一電源の場合は不便である。これを改良して出力電圧を上げる一つの方法として，出力段のエミッタフォロワを利用した電流帰還回路を紹介しよう。

図 6.15 のレベルシフト回路の左半分は図 6.3 のエミッタ接地ノンカスコードアンプそのものである。Q_3 が本来の出力トランジスタで，そのエミッタ電圧は 100 kΩ を通した負帰還によって +1.0 V となる。Q_3 のコレクタに抵抗 R_C を取りつけ，PNP 型トランジスタ Q_6 のエミッタ接地アンプをつなぐ。Q_6 のベースからコレクタに渡した容量はミラー補償で，この電流帰還回路を安定させるのに必要である。そしてさらに Q_7 のエミッタフォロワを加えて，その出力から抵抗 R_F で Q_3 のエミッタへ負帰還をかける。

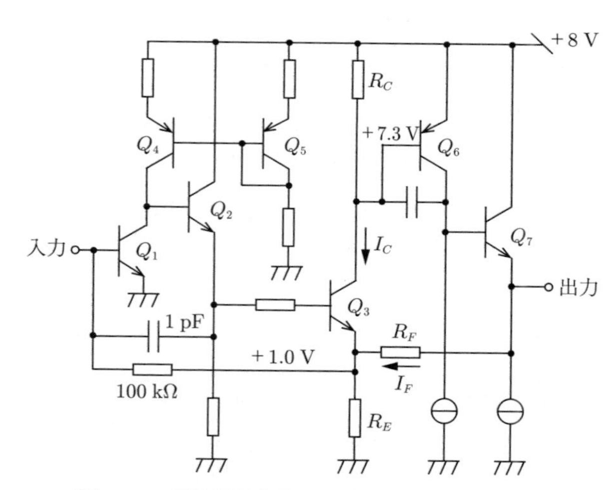

図 6.15　電流帰還を使ったレベルシフト回路の例

Q_6 と Q_7 はエミッタ接地の反転アンプであり，出力から入力に R_F と R_C で負帰還をかけた形になっている。R_F と R_C の間に Q_3 が挟まっているが，これはカスコード接続のようなもので，R_F から R_C に帰還電流を回していると考えるわけである。この負帰還は Q_6 のベース電圧を 電源電圧 $-0.7\,\mathrm{V} = +7.3\,\mathrm{V}$ にするように働き，R_C を流れる電流は $I_C = 0.7\,\mathrm{V}/R_C$ に調整される。一方，抵抗 R_E を流れる電流は $1.0\,\mathrm{V}/R_E$ なので，R_F を流れる電流は

$$I_F = \frac{1.0\,\mathrm{V}}{R_E} - \frac{0.7\,\mathrm{V}}{R_C} \tag{6.11}$$

となる（Q_1 のベース電流が $100\,\mathrm{k\Omega}$ を通して流れているが，2 桁小さいので無視した）。出力電圧は

$$V_{out} = 1.0\,\mathrm{V} + I_F R_F = 1.0\,\mathrm{V} + \left(\frac{1.0\,\mathrm{V}}{R_E} - \frac{0.7\,\mathrm{V}}{R_C}\right) R_F \tag{6.12}$$

で R_F を選ぶことによって自由に設定できる。例えば $R_C = 1\,\mathrm{k\Omega}$, $R_E = 500\,\Omega$, $R_F = 2\,\mathrm{k\Omega}$ とすれば，$I_C = 0.7\,\mathrm{mA}$，$I_F = 1.3\,\mathrm{mA}$ で，$V_{out} = 3.6\,\mathrm{V}$ となる。こうすることにより，0.7V 付近であった出力電圧を電源電圧とグランドの中間近くにもってくることができた。副産物として，信号の大きさは $\dfrac{R_F + R_E}{R_E} = 5$ 倍に増幅できている。

図 6.15 の回路のさらなる応用として，R_F に並列に容量を加えて積分回路にしたり，R_E に並列に抵抗と容量を加えてポール・ゼロ補償をすることが可能である。**図 6.16** の回路例では C_Z と R_Z でポール・ゼロ補償を加えたうえで，

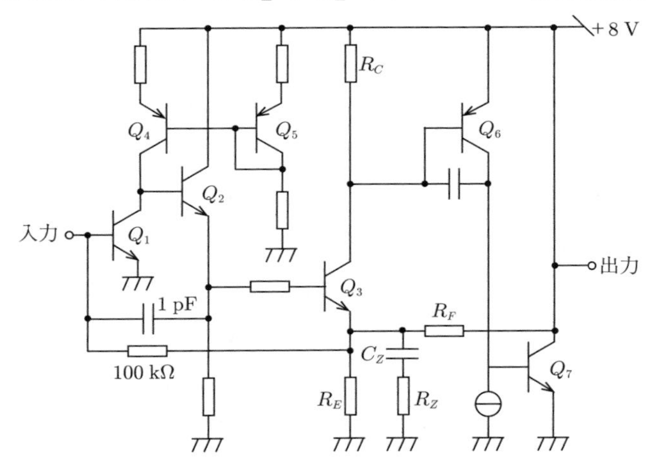

図 6.16 ポールゼロ補償＋レベルシフト回路の例

出力トランジスタ Q_7 を PNP 型に変更して負極性パルスの駆動能力を稼いでみた。ワイヤチェンバの信号処理にポール・ゼロ補正を複数回施したいときに有用かもしれない。

6.2.5 ベースライン再生回路

計測器用の回路で AC 結合を完全に避けることは難しい。AC 結合は直流成分を通さないので，信号電圧の時間平均は 0 になる。計測器からの信号は通常**図 6.17** に示すように片側極性のパルスからなるので，信号の頻度が高くなれば時間平均値は 0 でなくなり，信号極性側に移動する。結果的に AC 結合された回路で信号パルスの頻度が高くなるとベースラインのシフトが問題になる。これを防ぐための回路が**ベースライン再生回路**（baseline restorer）である。

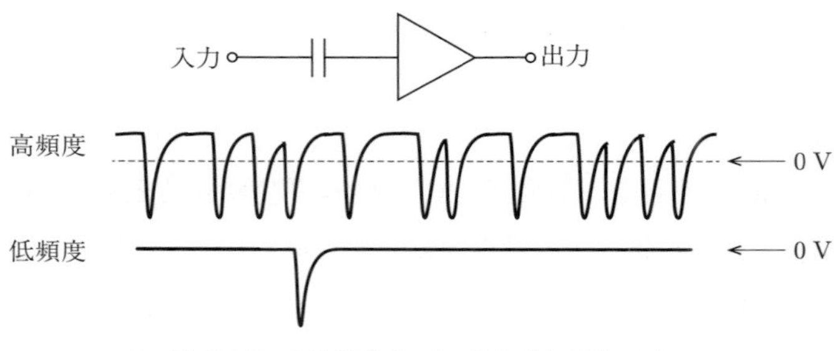

図 6.17　AC 結合とベースラインのシフト

理想的なベースライン再生回路は入力信号の有無によって

- 入力信号が入ってきたら，出力側に素通りさせ，
- 入力信号が入ってこないときは，速やかに出力を 0 V に戻す

ように働く。現実には信号の有無は電圧の変動で判断するしかないので，けっきょく信号電圧が 0 V に近いか遠いかで 0 V に戻す速さをコントロールすることになる。すなわちベースライン再生回路の基本は，時定数が電圧で変化する非線形微分回路である。

図 6.18 は最も単純なベースライン再生回路で，**ダブルダイオード回路**（double diode circuit）と呼ばれる。二つのダイオードのアノードをつないで，一方の

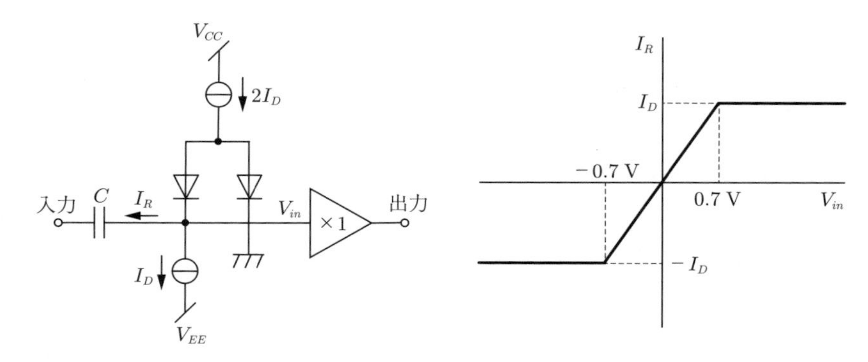

図 6.18 ダブルダイオード回路とその入出力特性

ダイオードのカソードを AC 結合した信号へ，もう一方をグランドへつなぐ。ダイオードにはそれぞれ電流 I_D が流れるように電流源を接続する（実際の回路では電流源の代わりに適切な値の抵抗を使うことが多い)。まず信号電圧が小さいときを考えると，各ダイオードは実効的に小信号抵抗 $r_D = 25\,\mathrm{mV}/I_D$ として働くので，信号は $2r_D$ でグランドにつながっていることになる。この抵抗と容量 C との組み合わせが時定数 $\tau = C\,2r_D$ の微分回路を構成するので，回路の出力はこの時定数で 0 V に戻っていく。つぎに，信号電圧が +0.7 V を超えた場合には，左側のダイオードの電流が 0，右側のダイオードの電流が $2I_D$ となり，容量 C に流れ込む電流 I_R は $-I_D$ の一定値になる。最後に信号電圧が −0.7 V 以下になると，左側のダイオードの電流が $2I_D$，右側のダイオードの電流が 0 となり，I_R は $+I_D$ の一定値になる。I_R が一定値ということは実効抵抗が非常に大きいということであり，微分回路の時定数が非常に大きくなったとみなせる。したがって ±0.7 V を超える信号は，実質的にこの回路を素通りする。

ダブルダイオード回路の定数を決めるには，信号が ±0.7 V を超えている間，C の両側の電圧差が $\dfrac{I_D}{C}$ の速さで増加あるいは減少し続けることを考慮する必要がある。これに信号パルスの幅をかけた値があまり大きくならないように，かつ時定数 $C\,2r_D$ をなるべく小さくするように I_D と C を選ぶ。例えば

$I_D = 0.5\,\mathrm{mA}$，$C = 1\,\mathrm{nF}$ とすると，無信号時の微分時定数は

$$1\,\mathrm{nF} \times 2 \times \frac{25\,\mathrm{mV}}{0.5\,\mathrm{mA}} = 100\,\mathrm{ns}$$

であり，10 ns 幅の速いパルスが通った後の入力と出力の電圧の差は

$$\frac{0.5\,\mathrm{mA}}{10\,\mathrm{nF}} \times 10\,\mathrm{ns} = 5\,\mathrm{mV}$$

となる。

さて，ダブルダイオード回路の欠点は小信号と大信号の境目が ±0.7 V に固定されていることである。これを改善するためにオペアンプを導入した回路が**図 6.19** の**増幅ダイオード回路**（amplified diode circuit）である。ダブルダイオード回路で信号につながっていない側をグランドに落としていたところ，代わりに信号出力を利得 $-G$ のアンプで増幅したものにつないである。これによって二つのダイオードのカソード電圧の差が G 倍に増幅されるので，ダブルダイオード回路に比べて小さい信号でも動作するようになる。無信号時の微分時定数は $1/G$ 倍になり，出力電圧がより早く 0 V に戻るようになる。

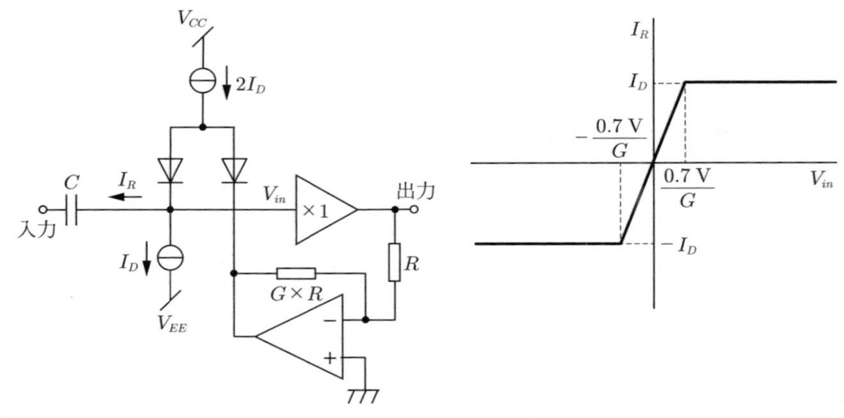

図 6.19　増幅ダイオード回路とその入出力特性

図 6.20 は，増幅ダイオード回路をさらに改良し，ベースライン再生回路の極限性能を目指した回路である[5)]。見慣れない回路素子が使われているが

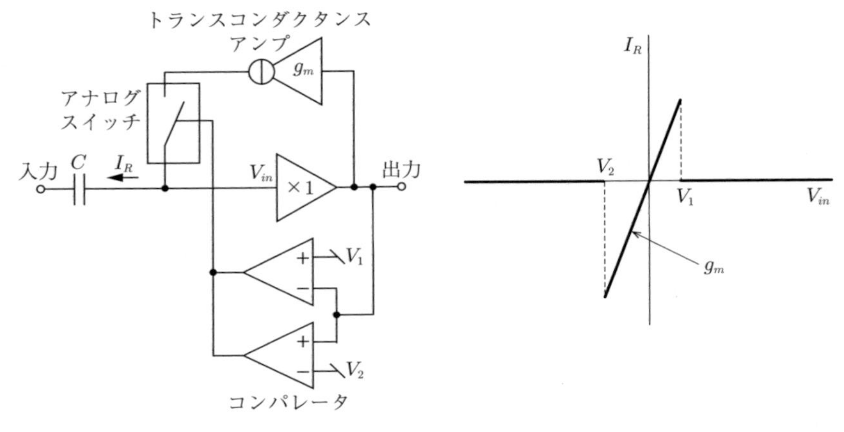

図 6.20 トランスコンダクタンスアンプを用いた高性能ベースライン再生回路とその入出力特性

- **トランスコンダクタンスアンプ：** 電流出力の差動アンプであり，出力電流 I_{out} が入力電圧 V_{in} によって $I_{out} = g_m V_{in}$ と制御される。典型例は LM3080 で，電流利得 g_m が外付け抵抗によって調整できる。
- **コンパレータ：** ＋入力と－入力を比較して，その結果をディジタル出力する。この回路では二つのコンパレータを，信号電圧が V_1 と V_2 の間にあるときだけ出力が ON になるように接続してある。
- **アナログスイッチ：** MOSFET で構成されたスイッチで，コントロール入力が ON のときだけ電流が流れる。

これらの素子を組み合わせることによって，信号電圧が V_1 と V_2 の間にあるときのみ，信号電圧に比例する電流が容量に流れるようになっている。したがって小信号に対しては時定数 $\dfrac{C}{g_m}$ の微分回路として働き，大信号に対しては完全に素通しになる。しきい電圧 V_1，V_2 と時定数 $\dfrac{C}{g_m}$ が自由に選べる，非常に汎用性の高い回路である。また，信号の極性が決まっている場合にはコンパレータを一つ取り除くことが可能である。

図 6.19 や図 6.20 の回路はベースラインを維持する機能がダブルダイオードより遥かに優れている。しかし多チャンネルになった場合にはスペースや消費

電力の問題などがあるので，いまでもダブルダイオード回路が使用されることが多い。逆に ASIC の場合には大きな容量が使えないので AC 結合の時定数が短くなりがちであり，何がしかのベースライン安定化回路の必要性が高い。そのときには単に負帰還をかけて直流電圧を安定化させるのでなく，ベースライン再生の機能をもたせた能動回路を組むことになる。また実験のタイプによっては（粒子衝突型加速器など），信号が起こるタイミングがはっきりしていて，そのタイミングを利用してゲートをかけることによってベースラインを安定化させる技法が使えることがある。

これで検出器用プリアンプのアナログ部分の回路設計について，ほぼすべての基礎部分の解説が終了した。これを基にして自分たちに必要な部分をつけ加え，また不要な部分を取り除けばほとんどのアンプが設計製作できると考える。ただ，最近盛んに用いられる CMOS **ASIC**（application-specific integrated circuit）を利用したアンプについては，ASIC 特有の回路などが存在する。ASIC では抵抗のサイズが非常に大きいことが面積を小さくするうえで不利になるので，これを極力避けることが回路の差を生んでいるようである。これについては，それらに関する参考書などを参考にしていただきたい。

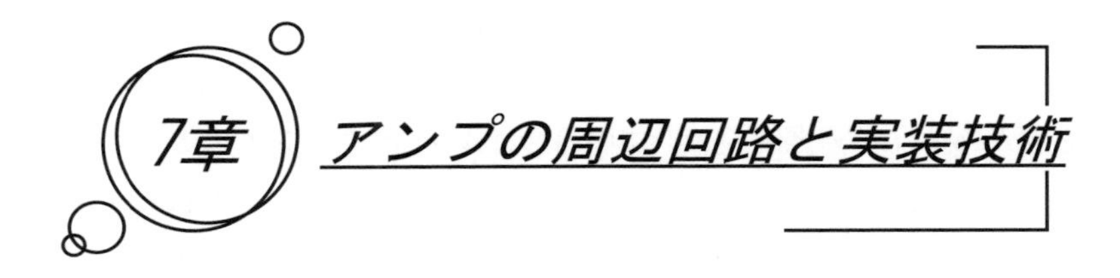

7章 アンプの周辺回路と実装技術

ここまで検出器用プリアンプと波形整形回路の設計原理と実例を紹介した。本章ではそれらのアンプを設計するときに必要になる実用技術として

- プリアンプ入力保護回路
- アナログ・ディジタル変換回路の例
- 回路シミュレーションの有用性と限界
- アンプの性能測定
- アンプの発振を防止する方法

を概説して本書のまとめとしたい。

7.1 プリアンプ入力保護回路

典型的な放射線検出器は，数百 V 以上の高圧電源を用いて粒子を信号に変換している。よって，ともに用いるアンプには過大電圧から入力段のトランジスタを護る**入力保護回路**（input protection circuit）が不可欠である。

アンプの入力保護回路としては**図 7.1** のように入力と並列にダイオードを接続して，過大な信号をバイパスしてやればよい。二つのダイオードが正負それ

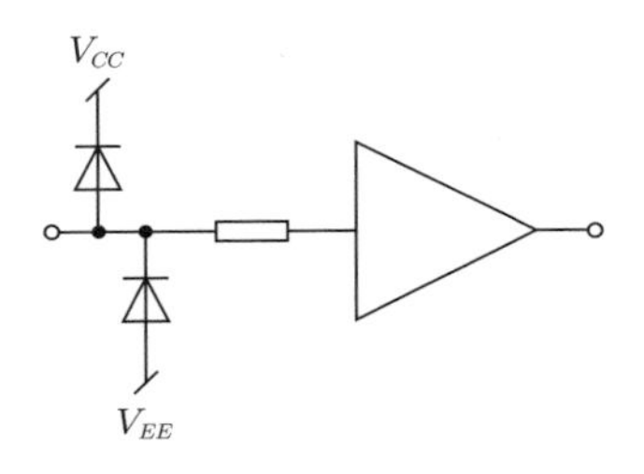

図 7.1 入力保護回路の例

ぞれの過大信号を電源電圧を少し超えたところで制限するようになっている。ただし，ダイオードに流れる電流のショット雑音を抑えるために，飽和電流 I_S が小さいダイオードを選んで逆バイアスをかけることによって電流を最小限にする必要がある。単一電源のアンプの場合は V_{EE} をグランドにとるしかないが，アンプの入力の電圧が 0 V に近すぎないことを確認しなければならない。

また，ダイオードとアンプの間の抵抗は，電流入力型アンプの場合に入力電流を制限するために必要である。この抵抗は直列雑音源になるので，入力トランジスタの $r_e/2 + r_{bb'}$ に比べて（JFET の場合は $2/(3g_m)$ に比べて）小さく選ばなければならない。現実的な値は 10 Ω 程度であろう。

入力保護回路は設計が面倒で雑音を増やすうえに，実装スペースもばかにならない（それでも，実験が始まってからアンプがつぎつぎと壊れるよりはましであるが）。保護回路が働くことを実証しておきたいが，それには検出器がどのような過大信号を送ってくるか（検出器内の放電，低速陽子が検出器内で停止することによる大きな電荷信号など）を予想する必要がある。検出器の開発者と協力して故障モードを予測することが大切である。

なお，本題からやや逸れるが，電源電圧の変動に対する保護を考慮することを忘れてはいけない。素粒子実験が行われる環境では電源電圧の瞬間変動は珍しくないし，実験装置近くの電磁石がトリップ（電流遮断）することによる磁場の急変動もあり得る。アンプの電源は必ずヒューズ（ポリスイッチにしておくと面倒が少ない）を通してから，電圧レギュレータで安定化させるようにすべきである。

7.2　アナログ・ディジタル変換回路の例

アナログ出力をディジタル信号に変換する（**A/D 変換**，analog-to-digital conversion）回路には非常に多くのバリエーションがあるが，放射線計測では高速性が求められるため，民生用機器とは異なるタイプが使われることが多い。

7.2.1 ディスクリミネータ

ディスクリミネータ（discriminator）は入力電圧をしきい値電圧と比較して，その結果をON/OFFの1ビットで出力する回路である。入力電圧がしきい電圧を超えている間だけ出力がONになるタイプもあるが，入力電圧がしきい電圧を超えた瞬間から一定時間幅のパルスを出力するものが一般的である。ディスクリミネータの出力パルスはカウンタに入って数えられるか，T/Dコンバータ（TDC）に入って時間の計測に使われる。

時間計測が目的である場合，ディスクリミネータ入力での波形の立ち上がりの速さが求められるが，これには雑音特性との兼ね合いが重要になる。式(5.21)に示したように，直列雑音源に由来する等価雑音電荷は

$$\mathrm{ENC}_s^2 = \frac{1}{2}\langle e_n^2 \rangle C_D^2 \int W'(t)^2 dt \tag{7.1}$$

なので，波形を速くすると速度の2乗に比例して大きくなる。光電子増倍管など信号雑音比（SN比）に余裕がある場合はよいのだが，ワイヤチェンバやシリコン検出器の場合はSN比を高くとれないので，波形を速く整形すると信号が雑音に埋もれてしまう。BJTをプリアンプの初段に使って時定数を10 ns程度に最適化する（p.111参照）のが現実的であるが，ワイヤチェンバに求められる時間精度（1 ns程度）を達成するには，信号の立ち上がり時間の補正が不可欠になる。

7.2.2 A/Dコンバータ

A/Dコンバータ（A/D converter，ADC）にもさまざまな種類があるが，放射線のエネルギーを測定するタイプの検出器（カロリメータ）で使われるのは，入力電圧を外部から与えられたタイミングでディジタル化するサンプルアンドホールド型ADCと，入力電圧を時間積分してその結果の電荷量をディジタル化する積分型ADCで，特に後者が一般的である。精度は二重積分型ADCで12〜16ビット程度が得られる。

信号をサンプルするタイミング，あるいは積分する時間幅は外部からゲート

信号で与えられる。ゲート信号のタイミングをどのように供給するかは実験装置の構成によってさまざまで，粒子加速器から送られてくるタイミング信号を用いたり，カロリメータとは別の高速な検出器（プラスチックシンチレータなど）で生成したりする。ADC への入力信号をディスクリミネータに同時入力してその出力でゲートを開く（セルフゲート）ことも可能であるが，その場合は ADC 入力を長いケーブル等で遅延させる必要がある。

5 章で行ったアンプの雑音の解析では信号パルスの波高に注目した。積分型 ADC では波高でなく積分電荷を測定するので重み関数 $W(t)$ が異なる。すなわち，波高測定では

$$W(t) = \frac{V(t_{peak} - t)}{V_{peak}} \tag{7.2}$$

だったが，電荷測定では積分ゲートの幅を T として

$$W(t) = \frac{\int_{t_0-t}^{t_0-t+T} V(t')dt'}{\int_{t_0}^{t_0+T} V(t')dt'} \tag{7.3}$$

となる。ここで t_0 は分母の積分を最大にする値である。直感的には，積分型 ADC を積分回路と ADC に分けて考えて，積分回路は波形整形回路の一部であるとみなすのである。結果的に重み関数は時間幅が広くなり，$\int W(t)^2 dt$ が大きく，$\int W'(t)^2 dt$ が小さくなって，並列雑音が直列雑音よりも重要になる。このことから，例えば液体アルゴンカロリメータなどの静電容量の大きな検出器では積分型 ADC が有利になるが，並列雑音を下げるために FET 入力のアンプを使う必要があることがわかる。

7.2.3 フラッシュ型 ADC

入力電圧を一定の周期でサンプリングすることにより波形をディジタル化するのが，**フラッシュ型 ADC**（flash ADC）である。動作原理はビデオ信号用の ADC と同じで，$2^n - 1$ 個の電圧比較器を並列に用いて n ビットの出力を得る。ビット数は 8 ビットが主流だが，10 ないし 12 ビットも可能である。なお，

サンプリングの周波数はオシロスコープなどでは 1 GHz 以上のものがあるが，放射線計測では 100 MHz 以下が普通である。

近年の素粒子実験では大出力の粒子加速器に見合った高速の検出器が求められるので，フラッシュ型 ADC を多用した**不感時間**（deadtime）のない読み出し回路が主流になっている。検出装置からの信号を継続的にディジタル化して一時的にメモリに書き込んだ後，**ディジタルシグナルプロセッサ**（DSP，digital signal processor）等を使って波形を解析し，必要な部分だけを切り出して保存するのである。要するに非常にチャンネル数の多いディジタルオシロスコープのようなものを想定すればよい。そのような回路では複数の信号がつぎつぎにやってきた場合にも，波形に基づいて信号を分離し，保存することが可能になる。

フラッシュ型 ADC のビット数の少なさが問題になることは，特にカロリメータの場合によくある。この問題を回避するためには，カロリメータに求められることは，絶対精度ではなく相対精度とダイナミックレンジであることを理解しなければならない。つまり，測定したい最大と最小の信号の比が 10 000 倍であっても最大の信号を 0.01%精度で測定する必要はないということである。簡単な例としては，フラッシュ型 ADC の入力電圧から出力コードへの変換を直線でなく中央で折れ曲がった形にすることによって実効ビット数を 2 ビット程度稼ぐ（8 ビット ADC で 10 ビット相当）ことが普通に行われている。実際のカロリメータに使われた回路では，アンプの利得を信号の大きさに応じて ×1，×10，×100 の 3 段階に切り替えることによって，実効ダイナミックレンジを 10 ビットから 16.6 ビット相当に拡大した例がある。

7.2.4 複数の A/D 変換の組み合わせ同時使用

実験装置によっては信号のタイミングと波高の両方が必要で，アンプの出力を分岐させてディスクリミネータと ADC に入力することが珍しくない。最適な性能を出すには分岐後に波形をそれぞれ違う形に整形するべきである。

やや極端な例として，**図 7.2** に LUX ダークマター検出実験用に設計したポ

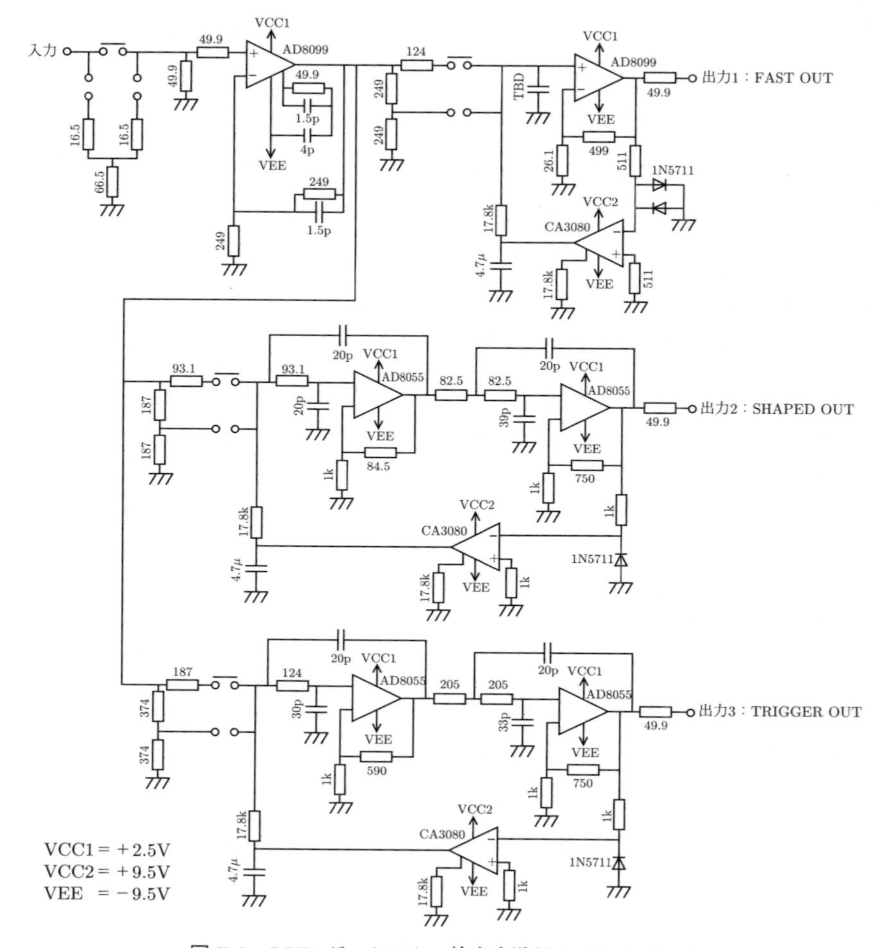

図 7.2 LUX ダークマター検出実験用のポストアンプ

ストアンプ[6)] を示す。光電子増倍管からの非常に速いパルスを高速オペアンプ（AC8099）で受けた後，信号を 3 分割してそれぞれ異なる時定数に整形している。タイミング測定用の速い出力（FAST OUT）は立ち上がり速度を重視して AC8099 でもう一度増幅し，波形と波高を測定する遅い出力（SHAPED OUT）は消費電力の少ないオペアンプ（AC8055）を二つずつ使った 4 回積分でガウス波形に近くなるよう整形した。第 3 の出力（TRIGGER OUT）は複数の PMT

からの信号をアナログ加算することによって総電荷量の大きい事象を捉えるためのもので，SHAPED OUT と同じ回路を少し大きな時定数で採用した。このあたりの抵抗値と容量値は計算で出した後に SPICE シミュレーション（後述）で微調整してある。また，三つの出力回路のそれぞれに，トランスコンダクタンスアンプ（CA3080）を使ったベースライン再生回路を実装してある。

7.3 回路シミュレーションの有用性と限界

回路シミュレーション（circuit simulation）のソフトウェアは，1970 年代にバークレーで開発された SPICE に端を発する。SPICE から派生したツール（HSPICE，PSpice，LTSpice など）は今日でも広く使われている。ここではこれらのソフトウェアを総称して「SPICE」と呼ぶ。

SPICE は，回路デザインをネットリストという書式で取り込んで各種の解析を行う。ネットリストは，回路に使われる能動素子（トランジスタ等）や受動素子（抵抗，キャパシタ等）とそれらのつながりかたを定義する。また，各素子の特性は SPICE 内部に定義されているものと外部ファイルから読み込むものがある。受動素子は通常内部定義のものを使うが，能動素子については製造元の会社が SPICE 用のモデルファイルを供給していることが多い。

SPICE シミュレーションの精度は，素子の定義がどれだけ現実的であるかによって決まる。オペアンプなどの場合，利得と位相の周波数依存性，入出力インピーダンスから雑音特性まで実測値に基づいたモデルが供給されているので，実回路とシミュレーションが非常によく一致する。BJT も原理的なばらつきが少なく，シミュレーションの精密度が高い。FET については当たり外れがあり，製造会社によって信頼度が異なる。受動素子については，高速回路の場合などでキャパシタの誘電損失が問題になることがある。積分回路で使うキャパシタは高周波用のインピーダンス解析機で位相を測っておくことが望ましいが，実際には試作回路で動作の検証をするのが間違いがない。

回路の試作とシミュレーションは，回路開発の両輪である。回路のパラメータをスキャンして最適値を探すのはシミュレーションのほうが遥かに効率的であるが，最終的に決めたパラメータは（特に高速回路の場合）試作回路で確認する必要がある。特に個別の素子で組んだアンプの場合，速度と利得が寄生容量で決まることが多々あるので，基板のレイアウトから材質まで試作してみなければならない。初段にFETを使ったプリアンプではSPICEモデルで予測しきれない1/f雑音が重要であり，やはり回路の試作が必須になる。

SPICEの限界を理解することは大切だが，一方で回路の信頼性を保証するにはやはりシミュレーションが欠かせない。例えば素子のパラメータのカタログ値内でのばらつきが回路の特性にどのように影響するかは，シミュレーションでパラメータをランダムに変化させて結果の分布を見る，いわゆるモンテカルロ法で解析することができる。環境温度の変化に対する回路の温度特性を見るときは試作回路をオーブンに入れる手もあるが，抵抗値のミスマッチが問題になる場合などはSPICEでシミュレートするほうがよい。素粒子物理学実験などで非常に多チャンネルの実験装置を作る場合も，回路を量産する前に基板設計システムから出力したネットリストをシミュレーションにかけて検証することが重要である。

7.4　アンプの性能測定

さて，できあがったアンプの性能をどのようにして測定したらよいのか，その方法をここで簡単に紹介する。

アンプの利得や波形，雑音などを測定するには，アンプにインパルス状の電荷を注入する必要がある。アンプに電荷を注入するには図 **7.3** に示すように小さな容量を通してステップ関数波形を与える方法が最も簡単である。電荷注入用キャパシタを1 pF 程度に選べば，ほとんどすべてのプリアンプにとって入力インピーダンスは十分に小さいので，電荷注入はインパルス状であると考えて差し支えない。また，アンプの入力と並列にソケットを取りつけ，入力容量（C_D）を変えられるようにする。直列雑音は図 **7.4** に示すように C_D に比例し

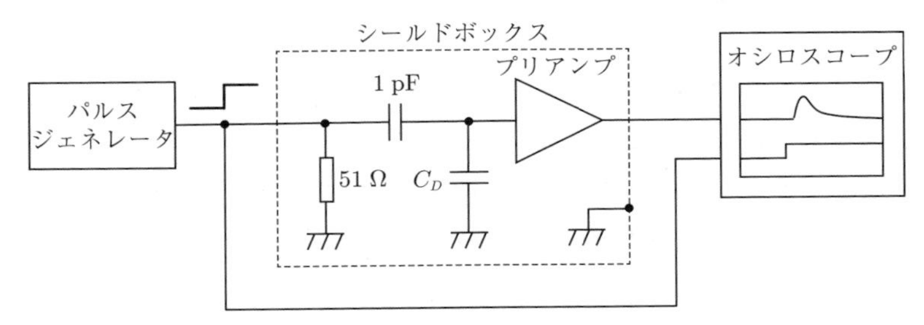

図 **7.3** アンプの性能測定のセットアップ例

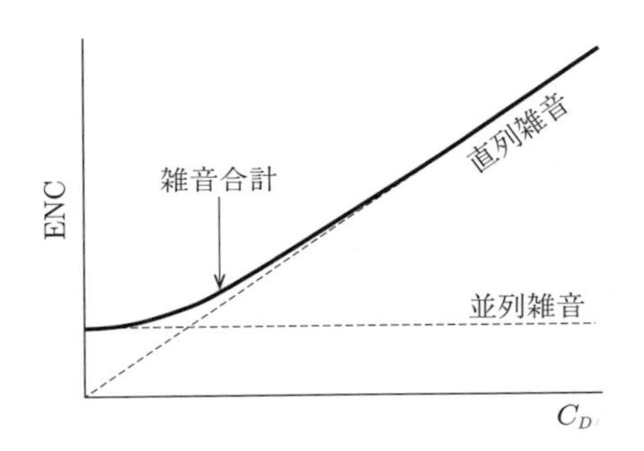

図 **7.4** 直列雑音と並列雑音

て増大するので，入力容量により雑音がどのように変化するのかを測定することによって直列雑音と並列雑音を分けることができる。並列雑音は $C_D = 0\,\mathrm{pF}$ のときの ENC であり，直列雑音は ENC/pF という形で表すことが多い。

ノイズの測定法としては，図 7.3 のセットアップで非常に小さな電荷をアンプに加える（例えば 1 pF で 10 mV のステップ関数，したがって 10 fC 入力）ことによって小信号ゲインを測定し，出力の揺らぎの実効値をそれで割ればよい。理想的にはディジタルオシロスコープのヒストグラムモードで波高のピーク値とその揺らぎを同時に測定すべきであるが，簡単には入力がない状態での実効値を平均波高で割っても十分である。例えば 10 fC 入力でアンプの出力波高が V_{out} であり，入力をしないときのベースライン変動が σ_V であったならば，等価雑音電荷量は

$$\mathrm{ENC} = \frac{10\,\mathrm{fC}}{1.6 \times 10^{-19}\,\mathrm{C}} \frac{\sigma_V}{V_{out}} \simeq 6 \times 10^4 \frac{\sigma_V}{V_{out}} \tag{7.4}$$

で得られる。

なお，このような測定を行うときは，低雑音の電源を使用することと，測定システムを外部雑音から遮へいすることが重要である。アンプまわりを導電性の箱に収め，その箱とアンプのグランドをつないで外界からの雑音を遮断する。特にFET入力のアンプの場合には総雑音量が少ないので十分な注意を払う必要がある。またパルスジェネレータの出力にも雑音がある場合があるので，アッテネータ（減衰器）を通して波高を落として使用するとよい。加えてアンプに電荷を注入するためにケーブルを引き回すと，それにより生じるグランドループによって雑音が増大したり，高速アンプの場合には発振したりするので注意が必要である。

7.5　検出器・アンプ系の発振

荷電粒子検出器であるワイヤチェンバのプリアンプが発振するのは，負帰還をかけたアンプの発振と同じ原理である。プリアンプの利得が高くしかも高速な場合には，その増幅された信号が出力ケーブルなどをアンテナ代わりにして，空中を通って再度検出器に入力され，それが再度アンプで増幅されて発振に至るのである。というわけで，チェンバの発振は，（プリアンプ単体で発振しているものを除けば）出力の取り出し法とケーブルまわりの処理に問題がある場合がほとんどで，アンプのせいではない場合が多い。これを確かめるにはアンプの出力にスコーププローブをつないでオシロスコープで観測しながら，出力ケーブルを外してみるとよい。ほとんどの場合，発振が止まるはずである。

その他，シールドケーブルを過信している例も見受けられる。シールドは静電的な電圧変動などは遮へいしてくれるが，磁気的なものの遮へい能力はあまりない。またパルス上の電流に対してもシールドに誘導電流が流れ，そのために発振するケースもある。シールドといえども電線である以上，インダクタンスが存在するのである。

加えて，電源ケーブルを通して発振を起こす場合もある。電源ケーブルも信号に従って電流が流れており，したがって電圧変化を起こしているからである。

残念ながら，検出器の発振を止めるには位相補償，というわけにはいかない。チャンネル数が多く難しいうえに，かりに位相補償ができたとしてアンプの速度自体も非常に遅くなり，使えなくなってしまうからである。発振を防ぐ最善の方法は検出器からアンプの出力が見えないようにすることである。そのためには，ケーブルをまとめてケーブルトレイに入れ，ケーブルトレイ自身を検出器のフレームグランドへつなぐ等の処置が必要になる。発振のほとんどはケーブル処理により治まる。最も効果が高いのはチェンバ側でデータ処理をしてしまい，ディジタル出力のみを光ファイバなどで転送する方法であろう。

7.6 まとめ：アナログ回路技術の将来

本書はアナログ回路に重点を置き，検出器の性能を最大限に引き出すために，電気信号をいかにして増幅し整形すべきかを考察した。1 章で導入した回路の基本概念から 6 章で紹介した実用回路の例まで，早足ではあるが読者の興味に応じてそれぞれ得るところがあれば幸いである。

近年は信号のディジタル処理の発展が目覚ましく，検出器の世界でもコンピュータによる制御や **FPGA**（field programmable gate array）を用いた回路が多用されている。また，ディジタル回路の設計ツールとして VHDL や Verilog などの**ハードウェア記述言語**（hardware description language）を習得することも現代の回路設計者に必須となりつつある。そのようなディジタル回路の進歩と比較するとアナログ信号処理は旧態依然として変化していない，という印象をもっている読者もいるであろう。しかし検出器の信号をいきなりディジタル処理回路につなぐわけにはいかないことは（少なくとも本書を手に取った方には）明らかであろうし，5 章で議論したプリアンプの等価雑音電荷（ENC）と時間分解能の最適化を読めば，アナログ回路が検出器の性能に決定的な寄与をしていることを理解していただけるだろう。もちろん電子回路の設計・実装技術は日進月歩であり，新素材を用いたトランジスタや超高速のビデオアンプなど，アナログ素子の性能向上が続くことは予想に難くない。本書に記した実用回路が陳腐化することは避けられないが，著者らが回路設計の指針とした基本原理は電子回路が古典電磁気学と統計熱力学に従う限り有用であり続けると信じる。

計測の世界では検出器とアナログ回路とディジタル回路が不可分の関係にあり，それぞれの特性と限界を同時に理解し組み合わせなければ高性能の計測装置を得ることはできない。本書でアナログ回路に親しんだ読者が，より優れた計測装置を開発してくれることを期待してまとめに代えたい。

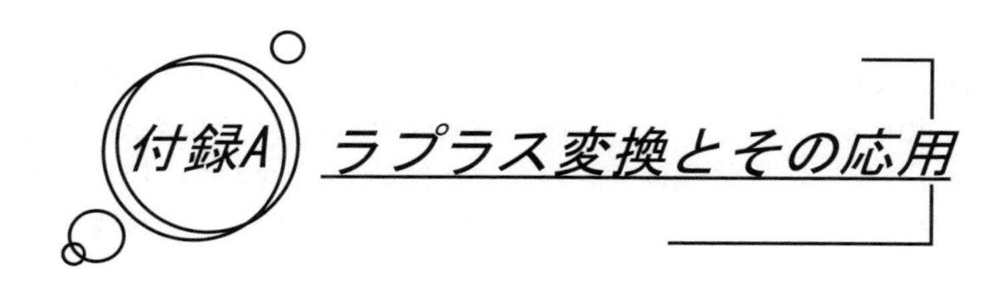

付録A　ラプラス変換とその応用

A.1　ラプラス変換とは

A.1.1　ラプラス変換の定義

ラプラス変換（Laplace transform）とは，与えられた関数 $f(t)$ をそれに付随する新たな関数†

$$\mathcal{L}[f(t)] \equiv \widehat{f}(s) \equiv \int_0^\infty f(t)e^{-st}dt \tag{A.1}$$

に変換する操作をいう。$\widehat{f}(s)$ は新しい独立変数 s に依存する，元の関数とは異なる関数である。例えば，与えられた関数がステップ関数

$$u(t) = \begin{cases} 0 & t \leq 0 \\ 1 & t > 0 \end{cases} \tag{A.2}$$

であるとしよう。このときそのラプラス変換は

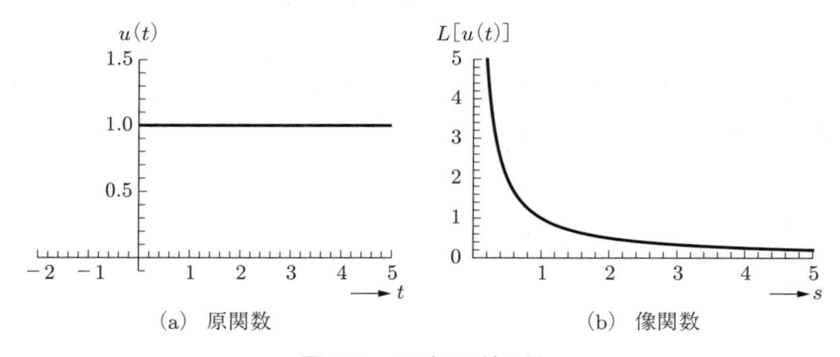

(a)　原関数　　(b)　像関数

図 A.1　ラプラス対の例

---

† 関数 $f(t)$ に対するラプラス変換を表す記号は大文字記号（$F(s)$），花文字記号（$\mathcal{F}(s)$），小文字のままで独立変数のみで区別する（$f(s)$）等，さまざまである。ここでは関数記号の上にハット記号（$\widehat{f}$）をつけて区別することとする。

$$\widehat{u}(s) = \int_0^{\infty} e^{-st} dt = \left[\frac{e^{-st}}{-s}\right]_0^{\infty} = \frac{1}{s} \tag{A.3}$$

となる（**図 A.1** 参照）。ただし，厳密にいうと上記のラプラス変換が存在するためには，$t \to \infty$ の極限において e^{-st} が発散せず有限の値をもたなければならない。このためには独立変数 s に一定の条件が課され，上の例では s を複素数とすれば $\Re(s) > 0$ の領域だけである。これをラプラス変換の定義域と呼ぶ。以下では定義域内を想定して議論が展開されていると仮定し，必要のない限り定義域を明示することはしない。なお，ラプラス変換前の関数を原関数（図 (a)），変換後の関数を像関数（図 (b)），二つをあわせてラプラス対と呼ぶ。

A.1.2　ラプラス変換の特徴

ラプラス変換のメリットは，この操作によって微分方程式や積分方程式を代数方程式に還元し，解を簡便に得る事ができる点である。それとともに回路自身がもつ特性についても見通しをよくする。1.3 節において説明した複素インピーダンスの方法も同様の特徴をもつが，複素インピーダンスが定常解を得るうえで威力を発揮するのに対し，ラプラス変換はそれに加えて初期値問題についても威力を発揮する強力な解析方法である。なお，変数 s は複素周波数とも呼ばれる。これは s の実部を σ，虚部を $j\omega$ とし $s = \sigma + j\omega$ と表すと，$\sigma = 0$ のとき複素インピーダンス法で用いられる周波数 ω と一致することによる。

A.2　ラプラス変換とその性質

以下では電子回路でよく使われる関数のラプラス変換を計算するとともに，ラプラス変換のもつ諸性質をまとめておこう。

A.2.1　ラ プ ラ ス 対

与えられた関数が，a を実数として $f(t) = e^{-at}$ であるとしよう。このときラプラス変換は

$$\mathcal{L}[e^{-at}] = \int_0^{\infty} e^{-st} e^{-at} dt = \left[\frac{e^{-(s+a)t}}{-(s+a)}\right]_0^{\infty} = \frac{1}{s+a} \tag{A.4}$$

と表すことができる。このラプラス変換の定義域は $\Re(s) > -a$ である。さて上式において，a を形式的に純虚数 $\mp j\omega$ とみなすと $e^{\pm j\omega t}$ に対するラプラス変換

$$\mathcal{L}[e^{\pm j\omega t}] = \frac{1}{s \mp j\omega} \tag{A.5}$$

が得られる。さらにオイラーの公式 $e^{jx} = \cos x + j \sin x$ より，$\cos \omega t = (e^{j\omega t} + e^{-j\omega t})/2$ となることに気がつけば

$$\mathcal{L}[\cos \omega t] = \frac{1}{2}\left(\frac{1}{s - j\omega} + \frac{1}{s + j\omega}\right) = \frac{s}{s^2 + \omega^2} \tag{A.6}$$

となる。最後に関数 $f(t) = te^{-at}$ のラプラス変換を計算しよう。積分の実行には部分積分の公式が役に立つ。具体的に計算すると

$$\begin{aligned}\mathcal{L}[te^{-at}] &= \int_0^\infty te^{-(s+a)t}dt \\ &= \left[\frac{t}{-(s+a)}e^{-(s+a)t}\right]_0^\infty + \frac{1}{s+a}\int_0^\infty e^{-(s+a)t}dt \\ &= \frac{1}{(s+a)^2}\end{aligned} \tag{A.7}$$

が得られる。これらのラプラス変換を**表 A.1** にまとめた。

表 A.1 ラプラス対一覧表（電子回路で使われる関数）

$f(t)$	$\widehat{f}(s)$	$f(t)$	$\widehat{f}(s)$
$u(t)$	$\dfrac{1}{s}$	$\delta(t)$	1
e^{-at}	$\dfrac{1}{s+a}$	te^{-at}	$\dfrac{1}{(s+a)^2}$
$\sin \omega t$	$\dfrac{\omega}{s^2+\omega^2}$	$\cos \omega t$	$\dfrac{s}{s^2+\omega^2}$
$\sinh \omega t$	$\dfrac{\omega}{s^2-\omega^2}$	$\cosh \omega t$	$\dfrac{s}{s^2-\omega^2}$

問 1. 関数 $\sin \omega t$, $\cosh \omega t$ に対するラプラス変換を求め，その定義域を定めよ。ただし，ω は実数である。

問 2. 関数 $f(t) = t^n e^{-at}$（n は正の整数）に対するラプラス変換は以下の式となることを示せ。

$$\widehat{f}(s) = \frac{n!}{(s+a)^{n+1}} \tag{A.8}$$

A.2.2　ラプラス変換の性質

ラプラス変換は表 **A.2** に示すようなさまざまな性質をもつ。以下ではこれらの性質を順次説明しよう。

表 **A.2**　ラプラス変換の性質

$f(t)$	$\widehat{f}(s)$	備　考	$f(t)$	$\widehat{f}(s)$	備　考
$c_1 f_1 + c_2 f_2$	$c_1 \widehat{f}_1(s) + c_2 \widehat{f}_2(s)$		$e^{-at} f(t)$	$\widehat{f}(s+a)$	
$\dfrac{df}{dt}$	$s\widehat{f}(s) - f(t=0)$		$\displaystyle\int_0^t f(\tau)d\tau$	$\dfrac{\widehat{f}(s)}{s}$	
$(-t)^n f(t)$	$\dfrac{d^n \widehat{f}(s)}{ds^n}$		$\dfrac{f(t)}{t}$	$\displaystyle\int_s^\infty \widehat{f}(s')ds'$	
$f(t-\tau)u(t-\tau)$	$e^{-\tau s}\widehat{f}(s)$	(*)	$\displaystyle\int_0^t f_1(\tau)f_2(t-\tau)d\tau$	$\widehat{f}_1(s)\widehat{f}_2(s)$	(**)

注記：(*)$\tau > 0$ とする。(**) 本書では合成積は使用していないため，証明を省略。

$f(t)$，$g(t)$ のラプラス変換をおのおの，$\widehat{f}(s)$，$\widehat{g}(s)$ とすると，定義式からも明らかなように，任意の定数 c_1，c_2 に対し

$$\mathcal{L}[c_1 f(t) + c_2 g(t)] = c_1 \widehat{f}(s) + c_2 \widehat{g}(s) \tag{A.9}$$

が成り立つ。すなわちラプラス変換は線型演算である。つぎに，$e^{-at}f(t)$ のラプラス変換を考えよう。これはラプラス変換の定義式までさかのぼると

$$\begin{aligned}\mathcal{L}[e^{-at}f(t)] &= \int_0^\infty e^{-st}e^{-at}f(t)dt = \int_0^\infty e^{-(s+a)t}f(t)dt \\ &= \widehat{f}(s+a)\end{aligned} \tag{A.10}$$

であることがわかる。

また，ある関数のラプラス変換とその関数の微分や積分のラプラス変換とは簡単な関係式で結ばれる。実際，$f(t)$ に対しその積分を $F(t) = \int_0^t f(\tau)d\tau$ と定義すると，ラプラス変換の定義式を部分積分することにより（$F'(t) = f(t)$ に注意）

$$\begin{aligned}\mathcal{L}[F(t)] &= \int_0^\infty e^{-st}F(t)dt \\ &= \left[\frac{e^{-st}}{-s}F(t)\right]_0^\infty + \frac{1}{s}\int_0^\infty f(t)e^{-st}dt\end{aligned} \tag{A.11}$$

が得られる。上式右辺の第 1 項は，$t=\infty$ については e^{-st} により，$t=0$ については $F(0)$ のおかげでともに 0 となる。第 2 項は因子 $\dfrac{1}{s}$ を除けば $f(t)$ に対するラプラス変換 $\widehat{f}(s)$ にほかならない。すなわち

$$\mathcal{L}\left[\int_0^t f(\tau)d\tau\right] = \frac{\widehat{f}(s)}{s} \tag{A.12}$$

が成り立つ。つぎに微分を考える。$f(t)$ を時間 t で微分した関数 $\dfrac{df}{dt}$ についても部分積分により

$$\begin{aligned}\mathcal{L}\left[\frac{df}{dt}\right] &= \int_0^\infty \frac{df}{dt}e^{-st}dt \\ &= \left[e^{-st}f(t)\right]_0^\infty + s\int_0^\infty f(t)e^{-st}dt \qquad \text{(A.13)} \\ &= s\widehat{f}(s) - f(0) \qquad \text{(A.14)}\end{aligned}$$

となることがわかる[†]。さらに，ラプラス変換の定義式（A.1）の両辺を s で微分または積分することにより

$$\mathcal{L}[(-t)f(t)] = \frac{d\widehat{f}(s)}{ds}, \quad \mathcal{L}[\frac{f(t)}{t}] = \int_s^\infty \widehat{f}(s')ds' \tag{A.15}$$

となることが示される。上式においては，$f(t)$ は性質のよい関数で，例えば $\dfrac{f(t)}{t}$ は $t=0$ の極限でも有限値を与えると仮定した。最後に $f(t)=g(t-\tau)u(t-\tau)$ とおいて，$f(t)$ のラプラス変換を求めてみよう（ただし $\tau>0$）。定義式（A.1）より

$$\widehat{f}(t) = \int_0^\infty e^{-st}g(t-\tau)u(t-\tau)dt \tag{A.16}$$

となるが，右辺の積分では $t=t'+\tau$ とおいて t' の積分に変換すると

$$\widehat{f}(t) = e^{-s\tau}\int_{-\tau}^\infty e^{-st'}g(t')u(t')dt' \tag{A.17}$$

となる。右辺は積分の下限が 0 であれば，ラプラス変換にほかならない。この条件はステップ関数 $u(t')$ が存在するおかげで保障される。そして，$g(t)u(t)$ のラプラス変換は $g(t)$ のラプラス変換にほかならないので

$$\widehat{f}(t) = e^{-s\tau}\widehat{g}(t) \tag{A.18}$$

とすることができる。$f(t)$ は $g(t)$ を右側へ τ だけ移動させた関数であることに注意しよう。ただし $0<t<\tau$ の間は，$u(t-\tau)$ を挿入することにより，0 であることを保証している。

---

† 回路解析の視点に立てば，$f(0)$ はパルスが入力されたり，スイッチが入れられたりする直前の回路状態を表すとみなせる。

問 3. 式（A.10）を利用して以下のラプラス変換を確かめよ。

$$\mathcal{L}\left[e^{-at}\sin\omega t\right] = \frac{\omega}{(s+a)^2+\omega^2} \tag{A.19}$$

$$\mathcal{L}\left[e^{-at}\cosh\omega t\right] = \frac{s+a}{(s+a)^2-\omega^2} \tag{A.20}$$

問 4. 式（A.16）および（A.18）を利用して，$t>0$ の領域で基本周期 τ をもつ周期関数 $p(t)$ のラプラス変換は以下の式で与えられることを示せ。ただし，$t<0$ では $p(t)=0$ である。

$$\widehat{p}(s) = \frac{\displaystyle\int_0^{\tau} e^{-st}p(t)dt}{1-e^{-s\tau}} \tag{A.21}$$

問 5. 2 階の導関数 $\dfrac{d^2 f}{dt^2}$ のラプラス変換は以下の式で与えられることを示せ。

$$\mathcal{L}\left[\frac{d^2 f(t)}{dt^2}\right] = s^2\widehat{f}(s) - \frac{df(0)}{dt} - sf(0) \tag{A.22}$$

問 6. 式（A.21）を利用して，以下のラプラス変換を確かめよ。

$$\mathcal{L}\left[|\sin\omega t|\right] = \frac{\omega}{s^2+\omega^2}\cosh\left(\frac{\pi s}{2\omega}\right) \tag{A.23}$$

A.3　ラプラス変換の応用

以下ではいよいよラプラス変換の応用を学んでいくが，具体的な問題を解くことを通してラプラス変換の効能を例示する。

A.3.1　微分方程式の初期値問題：*RC* 充電回路

図 **A.2** は，キャパシタ C を抵抗 R を介して充電する簡単な回路である。時刻 $t=0$ でスイッチが閉じられて，電池（電圧 V_0）からの充電が開始されたとする。$t\leq 0$ ではキャパシタには電荷は存在しないとして，キャパシタに流れる電流の時間変化を求めよう。$t>0$ で回路に流れる電流を $I(t)$ とすると，キャパシタに蓄積する電荷 Q は $Q(t)=\displaystyle\int_0^t I(t')dt'$ により与えられる。したがって回路にキルヒホッフの第 2 法則を適用し，電圧に対する等式（積分方程式）

$$V_0\,u(t) = RI(t) + \frac{1}{C}\int_0^t I(t')dt' \tag{A.24}$$

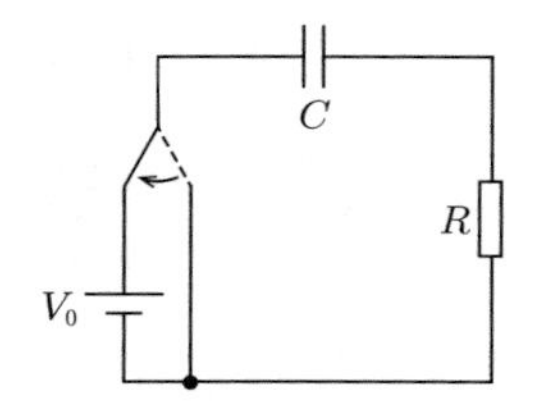

図 **A.2**　RC 充電回路

を得る。ここで，上式左辺の $u(t)$ は単位ステップ関数である。これを解くために両辺に対しラプラス変換を適用しよう。まず左辺の $V_0\,u(t)$ は，式（A.3）より $\dfrac{V_0}{s}$ となることがわかる。また右辺の第 1 項は $I(t)$ のラプラス変換を

$$\widehat{I}(s) = \mathcal{L}[I(t)] \tag{A.25}$$

と定義すると $R\widehat{I}(s)$ となる。さらに，第 2 項の電流の積分に対するラプラス変換は，式（A.12）より $\dfrac{\widehat{I}(s)}{sC}$ と与えられる。これらをまとめると**複素周波数領域**（s-domain）では方程式†

$$\frac{V_0}{s} = R\widehat{I}(s) + \frac{\widehat{I}(s)}{sC} \tag{A.26}$$

が成り立つ。これは代数方程式であるので簡単に解が求められ

$$\widehat{I}(s) = \frac{V_0/s}{R + (1/sC)} = \frac{V_0}{R}\,\frac{1}{s + (1/RC)} \tag{A.27}$$

となる。よって，ラプラス変換すると上式になるような関数が方程式（A.24）の解である。ここで式（A.4）を参照すると，$a = \dfrac{1}{RC}$ と置けばよいことに気がつく。したがってこの方程式の解は

$$I(t) = \frac{V_0}{R}\exp\left(-\frac{t}{RC}\right) \tag{A.28}$$

で与えられる。この解は，当初から予想されたように初期値 $I(0) = \dfrac{V_0}{R}$ をもつ指数減衰曲線を表す。これで目的とした問題に対する解が得られたが，**図 A.3** を参照しながら，解が決定されるプロセスをもう一度振り返ってみよう。電子回路を解析する際，与えられた問題に即して微分方程式や積分方程式が得られるが，通常これを直接解くのは困難である。これを（1）ラプラス変換して代数方程式に直し，（2）より簡単な代数方程式を解く。（3）最後に得られた結果をラプラス逆変換して，現実の時間領域での解を得る。以上が手順である。（3）の過程は一般に複雑な計算が要求されるが，実際の回路解析では一覧表から逆変換を求めることが多い。

† ラプラス変換して変数 s の方程式を解くことを「複素周波数領域で考察する」と称する。

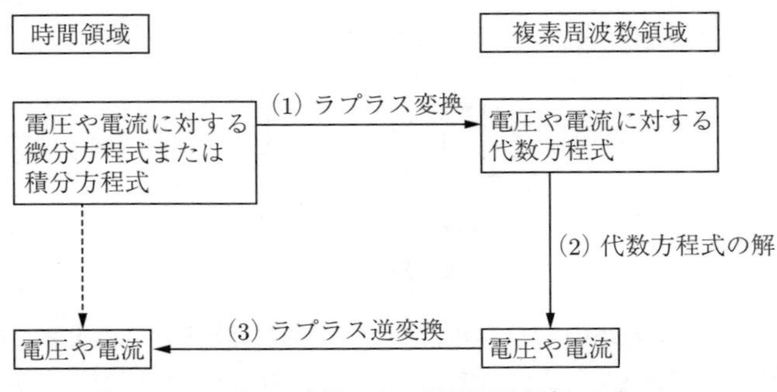

図 A.3　ラプラス変換による電子回路解析のプロセス

A.3.2　微分方程式の初期値問題：直列 *RLC* 回路と減衰振動

図 A.4 に示された直列 RLC 回路のステップ関数に対する応答関数を求めよう。時刻 $t=0$ でスイッチが閉じられて，電圧 V_0 が印加されたと仮定する。抵抗 R およびキャパシタ C についてはすでに考察した。新しい回路要素はインダクタ L であるが，これについては回路に流れる電流を $I(t)$ としたとき $L\dfrac{dI}{dt}$ の電圧降下が発生する。$I(t)$ のラプラス変換を $\widehat{I}(s)$ とすると，$\dfrac{dI}{dt}$ のラプラス変換は $s\widehat{I}(s)-I(0)$ となるが，いまの場合 $I(0)=0$ である。したがって回路全体としては

$$R\widehat{I}(s)+\frac{\widehat{I}(s)}{sC}+sL\widehat{I}(s)=\frac{V_0}{s} \tag{A.29}$$

が成り立つ。これより $\widehat{I}(s)$ は簡単に求めることができて

$$\widehat{I}(s)=\frac{V_0}{s}\,\frac{1}{R+sL+\dfrac{1}{sC}}=\frac{V_0/L}{(s^2+\omega_0^2)+2\gamma s} \tag{A.30}$$

となる。ここで新しい変数

$$\omega_0=\frac{1}{\sqrt{LC}}\quad と\quad \gamma=\frac{R}{2L} \tag{A.31}$$

を導入した。いうまでもなく，ω_0 は共鳴周波数であり，γ は摩擦力に相当する。以下での解析は $\omega_0>\gamma$ であると仮定しよう（$\omega_0<\gamma$ の場合については問 7. を参照）。この仮定のもとで，式（A.30）は

$$\widehat{I}(s)=\frac{V_0}{L\widetilde{\omega}_0}\,\frac{\widetilde{\omega}_0}{(s+\gamma)^2+\widetilde{\omega}_0{}^2},\quad \widetilde{\omega}_0{}^2={\omega_0}^2-\gamma^2 \tag{A.32}$$

となるが，この関数の逆変換は式（A.19）を参照すると

$$I(t)=\frac{V_0}{L\widetilde{\omega}_0}e^{-\gamma t}\sin\widetilde{\omega}_0 t \tag{A.33}$$

となることがわかる。この関数は**図 A.5** に示されるような減衰振動を表す。

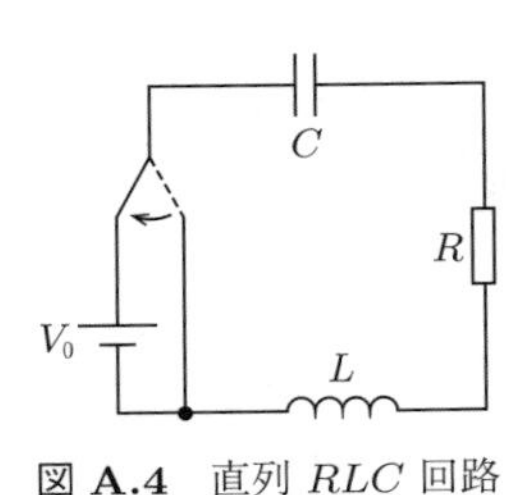

図 **A.4**　直列 RLC 回路

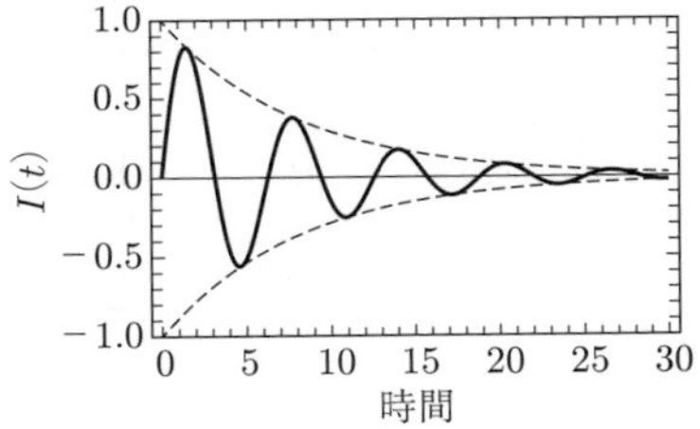

図 **A.5**　減衰振動関数（破線は包絡線 $e^{-\gamma t}$ を表す）

問 7. $\omega_0 < \gamma$ について，$I(t)$ を定めよ。

A.3.3　複素周波数領域における *RLC* 線型素子

一般に，RLC などの線型素子に電流を流すと素子の両端には電圧が生じる。これらの電流および電圧をともにラプラス変換したとき，その比を複素周波数領域における素子のインピーダンスと呼ぶ。すなわち，素子に流れる電流（電圧降下）を $I(t)(V(t))$，そのラプラス変換を $\widehat{I}(s)(\widehat{V}(s))$ とすると，素子のインピーダンスは $\dfrac{\widehat{V}(s)}{\widehat{I}(s)}$ で定義される。RLC 線型素子についてはすでに求まっており

$$R \rightarrow R, \quad L \rightarrow sL, \quad C \rightarrow 1/(sC) \tag{A.34}$$

である。ただし初期条件はすべて 0 と仮定した。これを見ると $s \rightarrow j\omega$ の置き換えにより，複素インピーダンスと同一になることがわかる。

また，複素周波数領域においても式（1.20）と同様に，伝達関数を定義することが可能である。再度図 1.10 を参照すると，伝達関数は

$$T(s) = \frac{\widehat{V}_{out}(s)}{\widehat{V}_{in}(s)} \tag{A.35}$$

と定義される。よって，いままで複素インピーダンスを使って求めた伝達関数 $T(j\omega)$ は，$j\omega \rightarrow s$ の置き換えにより $T(s)$ に焼き直すことができる。

例題 A.1 ポール・ゼロ補償回路　　図 **A.6** はポール・ゼロ補償回路である。伝達関数 $T(s)$ を求めよ。

【解答】　複素周波数領域におけるインピーダンスを考察する。図の右側を参照すると，伝達関数は

$$T(s) = \frac{Z_{out}}{Z_{in} + Z_{out}} \tag{A.36}$$

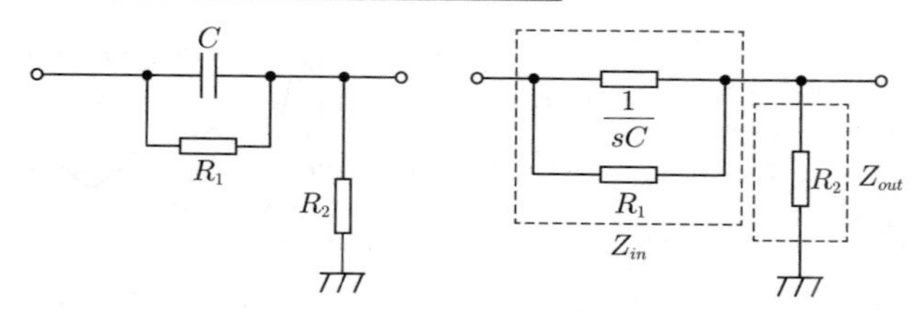

図 A.6　ポール・ゼロ補償回路

により与えられる。ここで Z_{in} は抵抗 R_1 とキャパシタ $\dfrac{1}{sC}$ の並列インピーダンスである。この回路において Z_{in} および Z_{out} は

$$Z_{in} = \frac{R_1/(sC)}{R_1 + (1/sC)} = \frac{R_1}{1 + CR_1 s}, \quad Z_{out} = R_2 \tag{A.37}$$

で与えられる。これらより伝達関数

$$T(s) = \frac{R_2}{R_2 + \dfrac{R_1}{1 + CR_1 s}} = \frac{R_2}{R_1 + R_2} \frac{1 + CR_1 s}{1 + C(R_1 /\!/ R_2)s} \tag{A.38}$$

が得られる。ここで $R_1 /\!/ R_2$ は二つの抵抗の並列抵抗を示す。この回路の特徴は伝達関数が $s = -\dfrac{1}{CR_1}$ に 0（ゼロ）をもち，$s = -\dfrac{1}{C(R_1 /\!/ R_2)}$ に極（ポール）をもつことである。　◇

例題 A.2 *RC* フィルタの出力波形　図 1.11 は RC フィルタと呼ばれる回路であり，図（a）は積分回路，図（b）は微分回路とも呼ばれる。この回路に対し幅 T の矩形波

$$V_{in}(t) = \begin{cases} V_0 & (0 < t < T) \\ 0 & (t < 0,\ t > T) \end{cases} \tag{A.39}$$

が入力された場合の出力波形を決定せよ。

【解答】　解を求める方針として，複素周波数領域 s における入力パルスおよび伝達関数の積から出力パルスを求め，これを逆変換することにより実時間領域 t における出力パルスを導出する。入力パルス式（A.39）はステップ関数 $u(t)$ と，これを T だけ移動し符号を逆転させた $-u(t-T)$ の重ね合わせであると考えると，ラプラス変換は

$$\widehat{V}_{in}(s) = V_0 \left(\frac{1}{s} - \frac{e^{-sT}}{s} \right) = \frac{V_0}{s}(1 - e^{-sT}) \tag{A.40}$$

で与えられる。積分回路および微分回路の伝達関数を，おのおの $T_i(s)$ および $T_d(s)$ とすると

$$T_i(s) = \frac{1/(sC)}{1/(sC)+R} = \frac{1}{1+s\tau}$$
$$T_d(s) = \frac{R}{1/(sC)+R} = \frac{s\tau}{1+s\tau}$$

となる。ここで $\tau = CR$ である。伝達関数と入力パルスの積を計算すると，出力パルスは

$$\frac{V_{out}^{(i)}(s)}{V_0} = \left\{\frac{1}{s} - \frac{1}{s+(1/\tau)}\right\}(1-e^{-sT})$$
$$\frac{V_{out}^{(d)}(s)}{V_0} = \left\{\frac{1}{s+(1/\tau)}\right\}(1-e^{-sT})$$

となることがわかる。この逆変換は，e^{-sT} が平行移動因子であることを考慮すると

$$\frac{V_{out}^{(i)}(t)}{V_0} = \left\{1-e^{-t/\tau}\right\} - \text{(Delayed by T)}$$
$$\frac{V_{out}^{(d)}(t)}{V_0} = \left\{e^{-t/\tau}\right\} - \text{(Delayed by T)}$$

と表すことができる。ここで (Delayed by T) は第 1 項の関数を T だけ遅らせた関数である。**図 A.7** および**図 A.8** には，いくつかのパラメータに対して積分，微分回路の $V_{out}(t)$ 波形をプロットした。積分回路の場合，回路定数 τ が $\tau > T$ のとき，時間とともに出力電圧がほぼ線型に上昇する。これはコンデンサに一定値の電流が流れ込み，それとともに電荷がコンデンサに

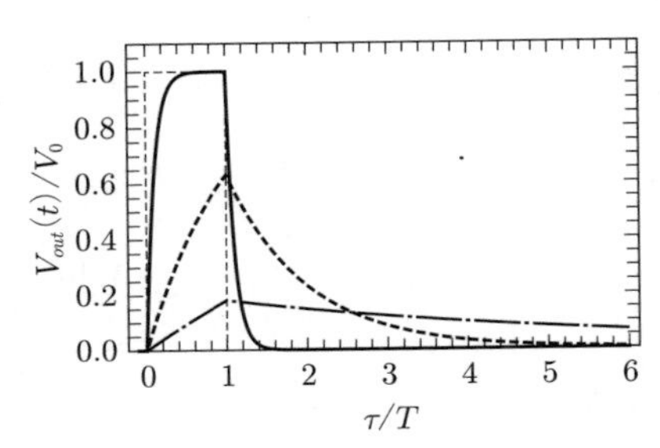

実線・破線・一点鎖線はτ/T =0.1, 1, 5 に対応。点線は入力パルス

図 A.7 RC 積分回路の出力波形

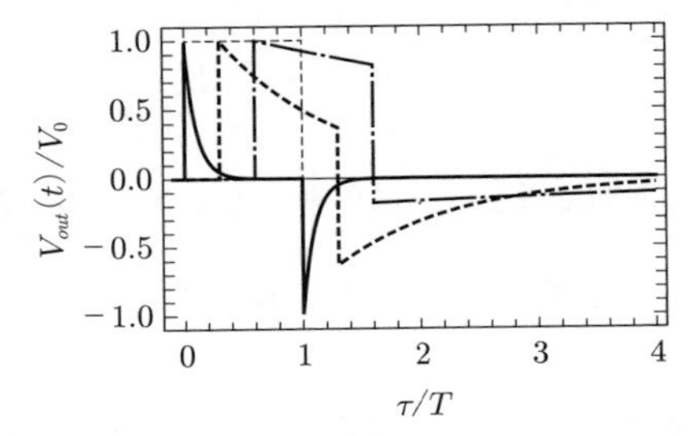

実線・破線・一点鎖線はτ/T =0.1, 1, 5 に対応。見やすくするため，破線(一点鎖線)線は 0.3(0.6) だけ右に移動

図 A.8 RC 微分回路の出力波形

蓄積される（積分される）結果である。一方微分回路の場合，入力コンデンサにより直流成分はブロックされ，交流成分のみが通過する。このとき，回路定数 τ が通過可能なパルス時間幅の目安を与える。入力パルスの立ち上がりおよび立ち下がり部分が十分分離しているとき，すなわち $T > \tau$ のときに出力波形はおおむね入力信号を微分したものとなる。 ◇

A.3.4　回路解析におけるラプラス逆変換

線型素子のみを含む回路において，電流や伝達関数などの応答関数のラプラス変換は二つの多項式の比で与えられる。具体的には応答関数を $\widehat{X}(s)$，二つの多項式を $\widehat{P}(s)$ ならびに $\widehat{Q}(s)$ とすると

$$\widehat{X}(s) = \frac{\widehat{Q}(s)}{\widehat{P}(s)} \tag{A.41}$$

と与えられる。しかも回路解析においては，$\widehat{P}(s)$ の次数 (n) は $\widehat{Q}(s)$ の次数より大きい。このような条件下でラプラス逆変換を求める処方箋（せん）を示そう。いま，分母多項式に対する方程式 $\widehat{P}(s) = 0$ の根を p_i（$i = 1, n$）とする。そうすると $\widehat{X}(s)$ は必ず部分分数に展開することが可能である。もし重根がないならば

$$\widehat{X}(s) = \frac{A_1}{s - p_1} + \frac{A_2}{s - p_2} + \cdots + \frac{A_n}{s - p_n} \tag{A.42}$$

と表されるが，この場合は逆変換は簡単に求まり

$$X(t) = A_1 e^{p_1 t} + A_2 e^{p_2 t} + \cdots + A_n e^{p_n t} \tag{A.43}$$

となる。一方，重根がある場合はどうなるだろうか。一般への拡張は簡単なので，ここでは $n = 2$ について議論しよう。この場合 $\widehat{X}(s)$ は，重根を p_0 とし

$$\widehat{X}(s) = \frac{B_1}{s - p_0} + \frac{B_2}{(s - p_0)^2} \tag{A.44}$$

と展開できる。この場合は逆変換は，表 A.1 を参照して以下の式で与えられる。

$$X(t) = B_1 e^{p_0 t} + t B_2 e^{p_0 t} \tag{A.45}$$

問 8. 式（A.42）において A_i は $\lim_{s \to p_i} (s - p_i)\widehat{X}(s)$ で与えられることを示せ。

問 9. $\widehat{f}(s) = \dfrac{1}{(s + a)^{n+1}}$ のラプラス逆変換は $f(t) = \dfrac{t^n e^{-at}}{n!}$ であることを示せ。

問 10. 下に示される関数の原関数（ラプラス逆変換）を求めよ。

(1) $\dfrac{1}{(s+1)(s+2)(s+3)}$

(2) $\dfrac{1}{s(s+1)^2}$

(3) $\dfrac{1}{s(s^2+1)}$

問 11. 下に示される関数の原関数（ラプラス逆変換）を求め，極の位置を s 平面上に図示せよ。

(1) $\dfrac{1}{s^4-1}$

(2) $\dfrac{1}{s^3+1}$

問 12. ラプラス変換を利用して下記の微分方程式を解け。ただし ω_0 および a は定数である。

$$\ddot{x}(t)+\omega_0^2 x(t)=e^{-at}, \quad \dot{x}(0)=0, \quad x(0)=0 \tag{A.46}$$

最後に，逆ラプラス変換を利用して微分方程式を解く具体例を掲げてこの章を終わろう。

例題 A.3 光電子増倍管出力パルス　光電子増倍管（PMT）は光を電流に変換する装置である。**図 A.9** の左側に示されるように，カソード面（光電陰極）に入射した光は光電効果により電子に変換され，さらに電場が印可された電極に衝突することにより増幅される。回路の観点からすると，PMT はほぼ理想的な電流源とみなすことができる。例えば，非常に短い光パルスが入射されるとその電流は

$$I(t)=\frac{Q}{\tau_{in}}e^{-t/\tau_{in}} \qquad (t>0) \tag{A.47}$$

とすることができる。ここで Q は PMT の出力総電荷量であり，τ_{in} は入力光パルスの減衰時間である。アノード（陽極）に負荷抵抗 R を接続して，出力電流を電圧として読み出すことを考えよう。この場合等価回路は図の右側で表され，C は PMT の電極がもつキャパシタンス（および寄生容量）である。Q, τ_{in}, R, C 等は与えられた定数として，出力電圧 $V(t)$ を求めよ。

【解答】 出力電流 $I(t)$ を複素周波数領域で表すと，表 A.1 を参照し

$$\hat{I}(s)=\frac{Q}{\tau_{in}}\frac{1}{s+(1/\tau_{in})} \tag{A.48}$$

となる。一方，抵抗やキャパシタのインピーダンスは，おのおの R および $\dfrac{1}{sC}$

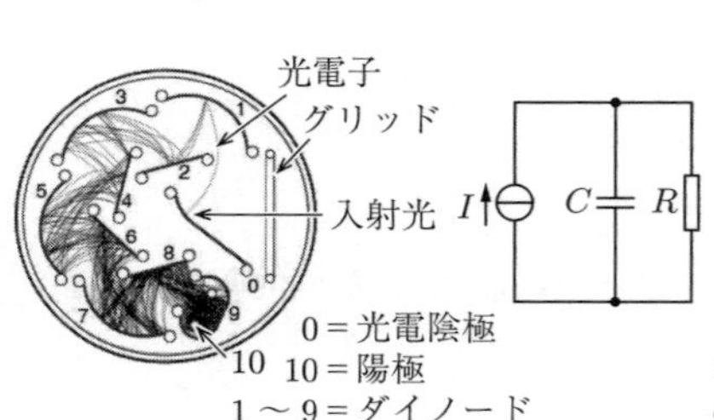

図 A.9　光電子増倍管の内部構造（左）[7]，等価回路（右）

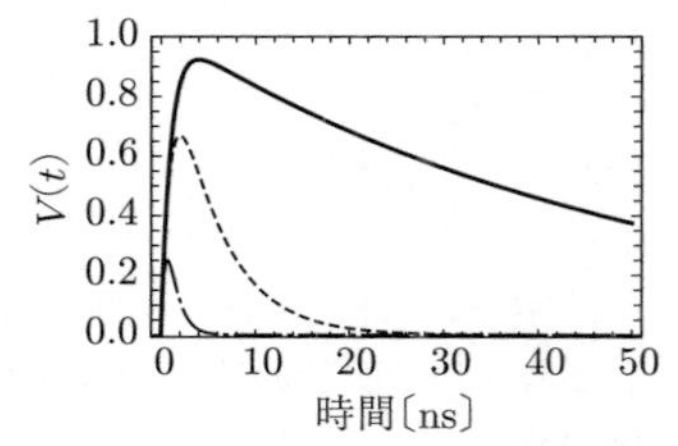

用いたパラメータ：$\tau_{in}=1$ ns，$C=10$ pF，$Q=10$ pC，$R=50,\ 500,\ 5\,000\ \Omega$（下から上へ）

図 A.10　出力の時間依存性

と表すことができる。したがって，これらの素子に流れる電流は $\dfrac{\hat{V}(s)}{R}$ および $sC\hat{V}(s)$ と与えられるが，その和は出力電流 $\hat{I}(s)$ に等しい。すなわち

$$\hat{I}(s) = \hat{V}(s)\left(\frac{1}{R} + sC\right) = C\hat{V}(s)\left(s + \frac{1}{\tau_{rc}}\right) \qquad \text{(A.49)}$$

が成り立つ。ここで回路の時定数 $\tau_{rc} = RC$ を導入した。上 2 式より $\hat{V}(s)$ は解くことができ

$$\hat{V}(s) = \frac{Q}{C\tau_{in}}\frac{1}{s+(1/\tau_{in})}\frac{1}{s+(1/\tau_{rc})} \qquad \text{(A.50)}$$

となる。この節で説明した標準的処方箋に従い，これを部分分数に展開すると，$\tau_{in} \neq \tau_{rc}$ のとき，下式で与えられる。

$$\hat{V}(s) = \frac{Q}{C}\frac{\tau_{rc}}{\tau_{in}-\tau_{rc}}\left(\frac{1}{s+(1/\tau_{in})} - \frac{1}{s+(1/\tau_{rc})}\right) \qquad \text{(A.51)}$$

これを逆変換すると，$\tau_{in} = \tau_{rc}$ の場合も含め

$$V(t) = \begin{cases} \dfrac{QR}{\tau_{rc}-\tau_{in}}\Bigl(\exp(-t/\tau_{rc}) - \exp(-t/\tau_{in})\Bigr) & \tau_{in} \neq \tau_{rc} \\ \dfrac{QR}{\tau_{in}^2}t\exp(-t/\tau_{in}) & \tau_{in} = \tau_{rc} \end{cases} \qquad \text{(A.52)}$$

となる。**図 A.10** には具体的な出力例を示した。R を大きくすると波高・時間幅ともに大きくなることがわかる。◇

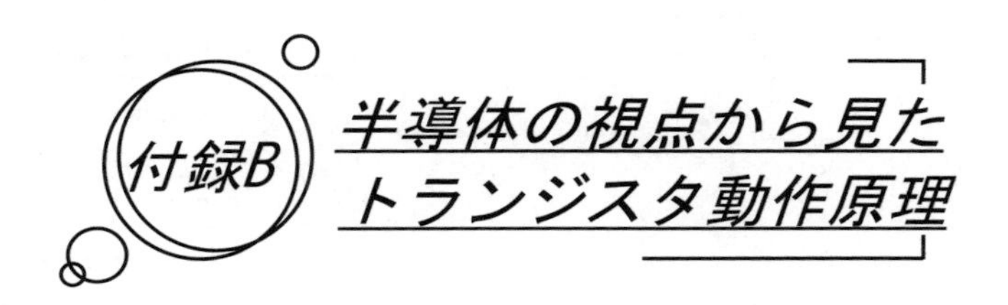

この付録においては半導体の視点から見たトランジスタの動作原理を定性的に説明する。対象としているものは NPN 型 BJT である。

B.1　pn 接合とダイオード

B.1.1　p 型半導体と n 型半導体

シリコンに微量の**不純物**（dopant）を混ぜ合わせると，性質の異なるさまざまな半導体が生まれる。このうち不純物の価数（化学結合を担う電子の数）がシリコンの価数（4 価）より，多いものを n 型半導体，少ないものを p 型半導体と呼ぶ。n 型半導体では余分な電子が半導体内を比較的自由に動き回ることができ，これらが電流を運ぶ担い手（**キャリア**，carrier）となる。p 型半導体では n 型半導体とは異なり，電子が不足する穴（**空孔**，ホール，hole）がキャリアとなる。p 型および n 型の名称はキャリアの電荷が**正**（positive）なのか**負**（negative）なのかによって区別されている。

B.1.2　pn　接　合

図 B.1 (a) に示したように，p 型半導体と n 型半導体を（原子レベルで）接触させたものは pn 接合と呼ばれる。接触面の近傍では熱運動（拡散とよばれる）により n 型キャリアが p 型半導体の領域内まで侵入する。これにより n 型領域では電子がなくなり，また p 型領域では侵入してきた電子によって空孔が埋められた状態となる。この結果，境界面の両側にはキャリアの非常に少ない層（空乏層と呼ばれる）が発達する（図 (b) 参照）。なお，図 (a) や (b) では，キャリアに注目して図示したが，不純物のイオンまで考慮すると，図 (c) に示したように空乏層では電荷が生じている。これより境界面の両側は異なる電位をもつ（図 (d) 参照）。生じた電位差を**内蔵電位**（built-in potential）と呼び，シリコンの pn 接合では 0.7 V 程度となる。内蔵電位はキャリアの熱運動による拡散と電位差による復元力が平衡することによって定まる。

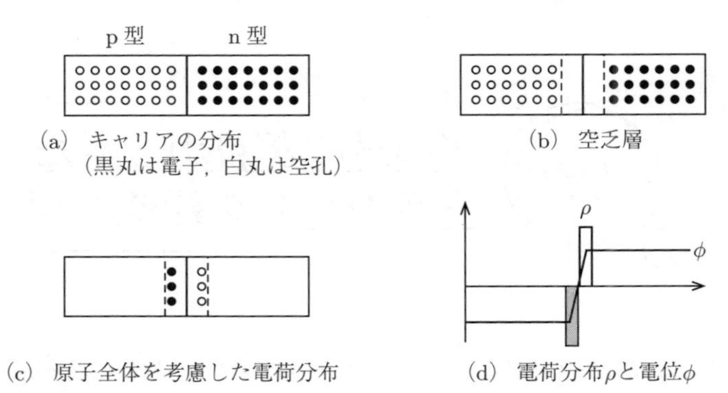

(a) キャリアの分布（黒丸は電子，白丸は空孔）
(b) 空乏層
(c) 原子全体を考慮した電荷分布
(d) 電荷分布ρと電位ϕ

図 **B.1**　pn 接合模式図

B.1.3　ダ イ オ ー ド

ダイオードは pn 接合に電極を取りつけた素子である。p 型半導体に取りつけられた電極を**アノード**（anode），n 型半導体に取りつけられた電極を**カソード**（cathode）と呼ぶ。以下では pn 接合に整流作用が生まれることを説明しよう。図 **B.2**（a）はダイオードのアノードに正の電圧（V_d）を印加した状態（**順バイアス**，forward biased）である。このときダイオード内の電位（ϕ）は平衡状態（点線で表示）と比較して，p 型半導体内の電位がV_dだけもち上がる。これにより電子（ホール）は電位の高いほう（低いほう）に引き寄せられ，電流が流れる。これに対し図（b）のように，アノードに負の電圧を印加した（**逆バイアス**，reverse biased）とすると，p 型半導体内の電位は n 型半導体内の電位に比べて極端に低くなり，キャリアは移動できない。これが**整流作用**（rectification）である。ただし，残念ながらこの説明だけでは式（2.1）に示した式は出てこない。この式を導出するにはキャリアがどのように拡散するかを定量的に取り扱う必要がある。興味ある読者はほかの教科書や文献を参照されたい。

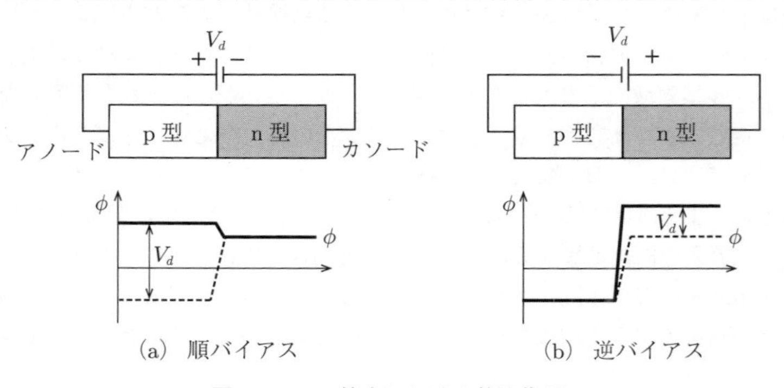

(a) 順バイアス
(b) 逆バイアス

図 **B.2**　pn 接合における整流作用

B.2 トランジスタ

B.2.1 トランジスタの構造

以下ではNPN型トランジスタ（BJT）の構造を説明する。トランジスタはp型半導体を二つのn型半導体で挟んだ構造をしている。また，pnおよびnpの境界部はいずれもB.1.2項で説明したpn接合である。**図B.3**（a）はトランジスタの動作説明によく使われる模式図である。左右の網掛け部分がn型半導体であり，白色部分がp型半導体である。二つの境界面はpn接合であるので，バイアスをかけない平衡状態では境界面に空乏層ができて，電位が作られる。これらの電極は図中Eがエミッタ，Bがベースおよび Cがコレクタと呼ばれる。以下では，トランジスタが増幅器として動作するうえで重要な構造の条件について述べよう。

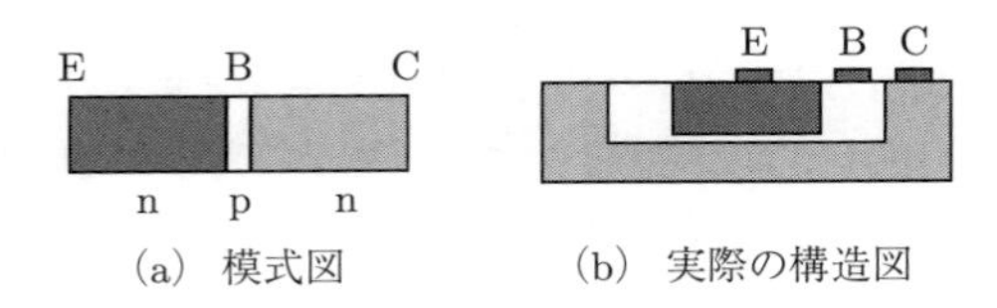

（a）模式図　　（b）実際の構造図

図 **B.3**　NPN型トランジスタの構造

- **不純物濃度**：　不純物濃度の観点ではエミッタが大きく，ベースは小さく，コレクタはその中間である。
- **半導体寸法**：　ベース（p型半導体層）の厚みはきわめて薄く，コレクタ（n型半導体層）は広い。

実際には第2の条件を満たすため，図（b）に示されるような断面構造を有する。

B.2.2 トランジスタの動作原理

トランジスタにより増幅作用を得るにはベース・エミッタ間を順バイアスに，コレクタ・ベース間を逆バイアスに接続しなければならない。このときどのような電流が流れるかを，**図B.4**に沿って説明する。図（a）はバイアス電圧を印加する前のトランジスタ内部の電位分布である。p.165で説明したように空乏層に蓄積する電荷により，n型半導体で高く，p型半導体で低い電位をもつ。図（b）はこれにバイアス電圧を印加したときの電位分布である。ベース・エミッタ間は順バイアスであるので，多数キャリアである電子（黒丸）が電位の高い方向に向かって移動する。ベースに流れ込んだ電子は（1）ベース層が薄いこと，および（2）ベース層におけるホール濃度が

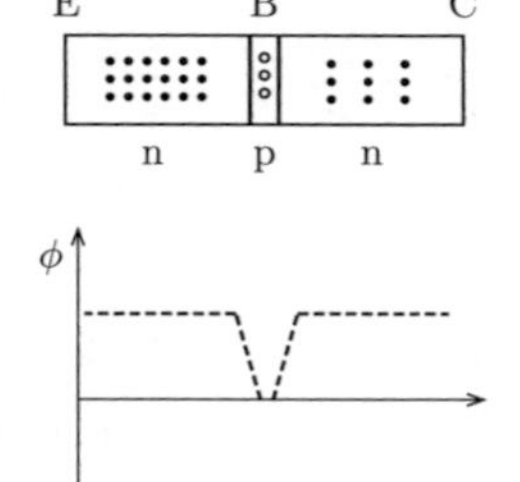

(a)　バイアス電圧がない状態における電位分布（黒丸は電子，白丸は空孔）

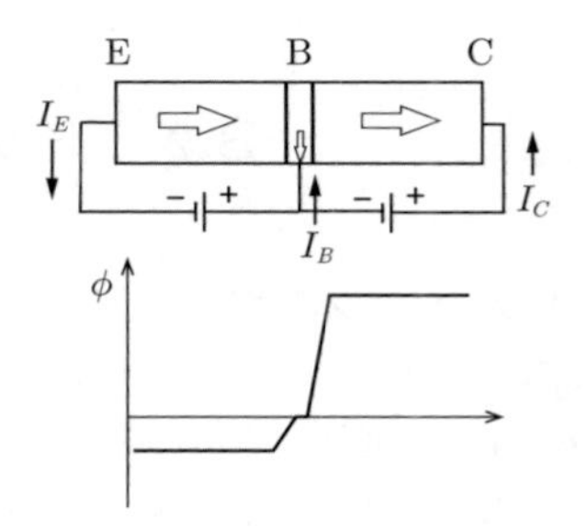

(b)　バイアス電圧印加時の電子の流れ（上の白矢印，電流とは逆向き）と電位分布（下）

図 **B.4**　NPN 型トランジスタの動作原理

小さいことにより，再結合することなくコレクタ層に侵入する。いったんコレクタに侵入すると，そこで発達した電場のためにコレクタ電極に向かって移動することになる。ただしわずかではあるが，ベース内で少数のホールと再結合し，この部分はベース電流となる。また，電子は負の電荷をもつので電子の動きと逆向きの電流が流れる。図（b）の上の図に示されたように電流（I_E, I_B, I_C）を定義すると，エミッタから流れ込んだ大部分の電子がコレクタで集められるという事実は $I_E \simeq I_C$ を意味する。これら二つの電流の比を α と表そう。そうすると

$$I_C = \alpha I_E, \quad \alpha \leq 1 \tag{B.1}$$

となる。実際のトランジスタの α は 1 に近い定数で典型的には $\alpha \simeq 0.99$ 程度である。3 端子からの電流の和は保存するので，この場合 $I_E = I_C + I_B$ が成り立つ。これより $I_B = (1-\alpha)I_E$ であることがわかる。なお，ベース・エミッタ間は順バイアスのダイオードとみなすことができるので，式（2.1）と同一形式の式

$$I_E = I_s\left(e^{V_{BE}/V_T} - 1\right), \quad V_T \simeq 25\ \mathrm{mV} \tag{B.2}$$

が成り立つ。加えて，トランジスタの増幅は小さな電流である I_B を入力することにより，大きな電流である I_C を得ることと同義である。電流増幅率は

$$h_{fe} \equiv \frac{I_C}{I_B} = \frac{\alpha}{1-\alpha} \tag{B.3}$$

となる。典型的な値としては $h_{fe} \simeq 100$ 程度と考えればよい。

B.2.3　トランジスタの動作モード

これまではトランジスタのベース・エミッタ間を順バイアス，コレクタ・ベース間

を逆バイアスに接続した場合（アクティブ領域）について，その動作を説明してきた。以下では，これ以外のバイアス状態について簡単に説明する。まず両者を順バイアスにしたとしよう。**図 B.5** はこのときの電位の様子を表している。これからもわかるように，n 型半導体のキャリアである電子は p 型領域に移動する。すなわちベース・エミッタ間にもコレクタ・ベース間にも p 型領域から n 型領域へと電流が流れ，$I_B = I_E + I_C$ が成り立つ。この動作領域は**飽和領域**（saturation region）と呼ばれ，飽和領域ではベース電流はエミッタとコレクタに流れる電流の和に等しい。これとは逆に両者を逆バイアスにすると，どの端子にも流れない。この領域は**カットオフ**（cut-off）領域と呼ばれる。なお，トランジスタを用いて論理状態（1 と 0 のビット）を表す際，おのおの飽和およびカットオフ領域の状態を用いることが多い。さまざまな動作領域を**表 B.1** にまとめた。

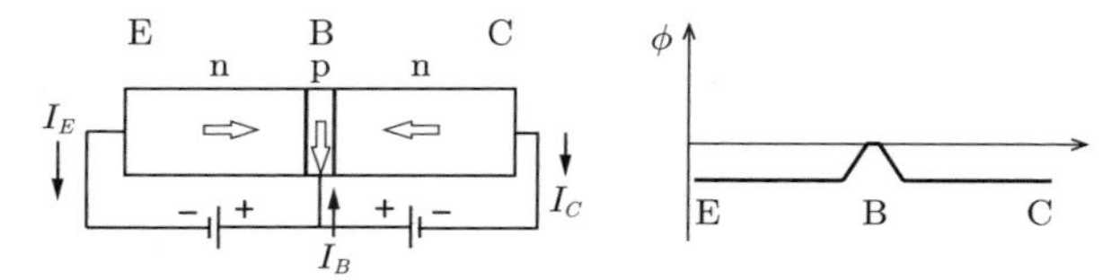

図 B.5 飽和領域における電流の流れ（左）と電位分布（右）

表 B.1 BJT の動作領域

名 称	BE 間バイアス	BC 間バイアス	備 考
アクティブ領域	順バイアス	逆バイアス	増幅作用
飽和領域	順バイアス	順バイアス	論理「ON」
カットオフ領域	逆バイアス	逆バイアス	論理「OFF」

B.2.4 アーリー効果

最後にアーリー効果を pn 接合の立場から定性的に説明する。トランジスタのアクティブ領域では，コレクタ電極とベース電極には逆バイアスの電圧が印加されている。この逆バイアス電圧を大きくとると，pn 接合における空乏層は増加し，これは実効的にベース間領域を狭める働きをする。これによりベース電流は減少し，逆にコレクタ電流は増加する。その変化量は逆バイアス電圧（$V_{CB} \simeq V_{CE}$）に近似的に比例することが知られており，このためアーリー効果を考えないコレクタ電流を $I_C^{(0)}$ とすれば，アーリー効果により

$$I_C = I_C^{(0)}\left(1 + \frac{V_{CE}}{V_A}\right) = I_C^{(0)} + \frac{V_{CE}}{R_A}, \quad R_A \equiv \frac{V_A}{I_C^{(0)}} \simeq \frac{V_A}{I_C} \qquad \text{(B.4)}$$

となる。ここで比例係数の逆数を V_A とした。V_A は電圧の次元をもちアーリー電圧

と呼ばれる。現実のトランジスタでのアーリー電圧の値は $V_A \simeq 100\,\mathrm{V}$ 程度が多い。アーリー効果の影響は，等価回路として電流源 $I_C^{(0)}$ と並列に抵抗 R_A が接続されたものと表すことができる。

引用・参考文献

1) Nyquist, H.: Thermal Agitation of Electric Charge in Conductors, Phys., Rev. **32**, 110 (1928)

2) D'Angelo, P., Manfredi, P.F., Hrisoho, A., Jarron, P., Poinsignon, J.: Analysis of low noise, bipolar transistor head amplifier for high energy applications of silicon detectors, Nucl. Instrum. Meth ods Phys.Res., **193**, 3, pp.533〜538 (1982)

3) Fisher, J., Hrisoho, A., Radeka, V., Rehak, P.: Proportional chambers for very high counting rates based on gas mixtures of CF4 with hydrocarbons, Nucl. Instrum. Meth ods Phys. Res. A, **238**, 2-3, pp.249〜264 (1985)

4) Boie, R.A., Hrisoho, A.T., Rehak, P.: Signal shaping and tail cancellation for gas proportional detectors at high counting rates, Nucl. Instrum. Meth ods Phys. Res., **192**, 2-3, pp365〜374 (1982)

5) Bertolaccini, M., Bussolati, C.: A flexible baseline retorer, Nucl. Instrum. Meth ods, **100**, 2, pp.349〜353 (1972)

6) Akerib, D.S. *et al.*: Data Acquisition and Readout System for the LUX Dark Matter Experiment, Nucl. Instrum. Meth ods Phys. Res. A, 668, pp.1〜8 (2012)

7) 浜松ホトニクス株式会社 編集委員会編：光電子増倍管 その基礎と応用 第 4 版, 浜松ホトニクス株式会社 電子管営業推進部 (2017)

問　の　解　答

1 章

問 1. $\dfrac{C_1 \times C_2}{C_1 + C_2}$ （直列接続），　$C_1 + C_2$ （並列接続）

問 2. 短絡する直前 $(t = 0)$ ではコイルには $I_0 = \dfrac{V}{R}$ の電流が流れており，したがってその貯蔵エネルギーは $U_L = \dfrac{1}{2}LI_0^2$ と表すことができる。スイッチを短絡すると，微分方程式 $L\dfrac{dI}{dt} + RI(t) = 0$ にしたがって電流が流れる。この方程式の解は $I(t) = I_0 e^{-tR/L}$ と表される。よって抵抗で消費されるエネルギーは

$$U_R = \int_0^{\infty} RI^2(t)dt = RI_0^2 \left[-\frac{L}{2R} e^{-2tR/L} \right]_0^{\infty} = \frac{1}{2}LI_0^2$$

となる。これは $t = 0$ においてインダクタに蓄積されていたエネルギーにほかならない。

問 3. 入力電圧を $\tilde{V}_0' = -jV_0 e^{j\omega t}$ と表す。出力電流を $\tilde{I}'(t) = \tilde{I}_0' e^{j\omega t}$ と仮定すると

$$\tilde{I}_0' = \frac{-jV_0}{Z_0} = \frac{-jV_0}{|Z_0|} e^{-j\phi}$$

が得られる。これより $I'(t) = \dfrac{V_0}{|Z_0|}\sin(\omega t - \phi)$。これは，本文で得られた $\widetilde{I}(t)$ の虚部に一致する。

問 4. キャパシタンス C およびインダクタンス L の単位はおのおの F（ファラド）と H（ヘンリー）であるが，$Q = CV$ や $V = L\dfrac{dI}{dt}$ からもわかるように〔F〕=〔C〕/〔V〕=〔A·s〕/〔V〕あるいは〔H〕=〔V·s〕/〔A〕と書き表すことも可能である。これらより $\dfrac{1}{\sqrt{LC}}$ は〔1/s〕の次元をもち，ω の次元に一致する。

問 5. $-3\,\mathrm{dB}$

問 6. $T(\omega) = \dfrac{j\omega CR}{1 + j\omega CR} = \dfrac{j(\omega/\omega_c)}{1 + j(\omega/\omega_c)} = 1 - \dfrac{1}{1 + j(\omega/\omega_c)}$，　$\omega_c = \dfrac{1}{RC}$

解図 1.1 および**解図 1.2** 参照。

問 7. おのおのの RC 並列回路のインピーダンスを Z_1 および Z_2 と記すと

$$\frac{1}{Z_1} = j\omega C_1 + \frac{1}{R_1}, \quad \frac{1}{Z_2} = j\omega C_2 + \frac{1}{R_2}$$

が得られる。$T(\omega) = \dfrac{Z_2}{Z_1 + Z_2} = \dfrac{1/Z_1}{1/Z_2 + 1/Z_1}$ は

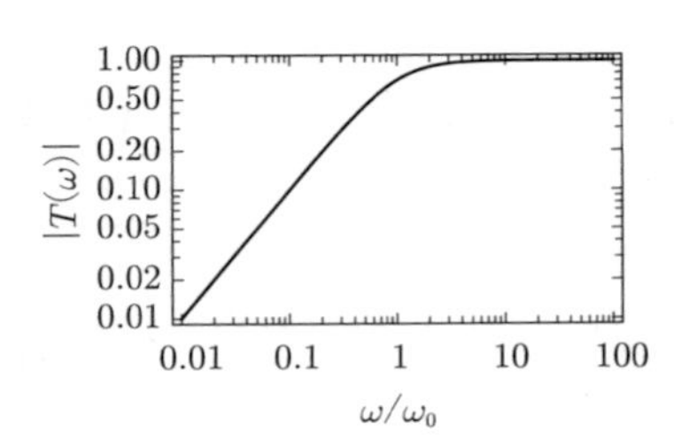

解図 1.1　RC 高域通過フィルタの伝達関数のゲイン（横軸 $\frac{\omega}{\omega_0}$）

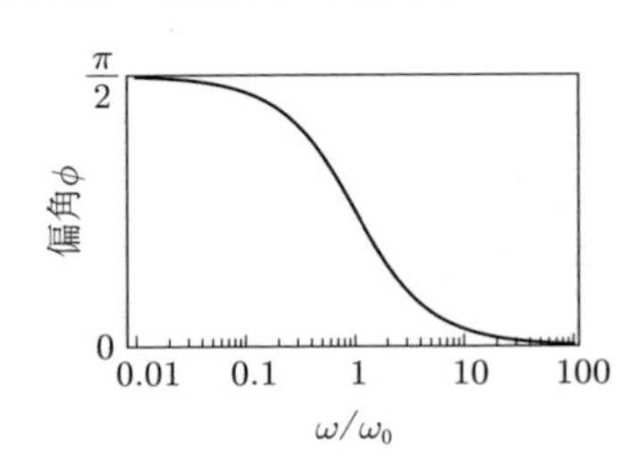

解図 1.2　RC 高域通過フィルタの伝達関数偏角 ϕ（横軸 $\frac{\omega}{\omega_0}$）

$$T(\omega) = \frac{(1+j\omega T_1)/R_1}{(1+j\omega T_1)/R_1 + (1+j\omega T_2)/R_2} = \frac{1}{1+\frac{R_1}{R_2}\frac{1+j\omega T_2}{1+j\omega T_1}}$$

となる。ここで $T_i = R_iC_i$ $(i=1,2)$ を導入した。上式が ω に依存しない条件は $T_1 = T_2$。これより $C_1 = 70/9$ pF。現実のプローブでは C_2 と並列に寄生容量が存在するため，C_1 として可変容量が使われていることが多い。

問 8. 電圧源では小さいものが，電流源では大きいものが理想に近い。

問 9. $Z_{in} = \frac{R_1}{1+j\omega R_1C_1} + \frac{R_2}{1+j\omega R_2C_2}$，$R_1C_1 = R_2C_2$ のとき，Z_{in} は $10\,\mathrm{M\Omega}$ の抵抗と 7 pF のキャパシタが並列に接続された回路のインピーダンスと一致する。

問 10. R_{int}

問 11. 便宜のため $Z_\pm = R_C \pm j\omega\frac{L}{2}$ を導入すると，題意から

$$R_C = j\omega\frac{L}{2} + \left(j\omega C + Z_+^{-1}\right)^{-1} \quad \rightarrow \quad \frac{1}{Z_-} = j\omega C + \frac{1}{Z_+}$$

が成り立つ。$Z_+ - Z_- = j\omega L$ と $Z_+Z_- = {R_C}^2 + (\frac{\omega L}{2})^2$ に注意すると $R_C = \sqrt{\frac{L}{C} - (\frac{\omega L}{2})^2}$ が得られる。ただし根号内が正の量であるためには $\omega < \omega_0 \equiv 2/\sqrt{LC}$ が必要条件となる。

2章

問 1. $V_c = \begin{cases} 0 & (V_a < 0.7\,\mathrm{V}) \\ V_a - 0.7\,\mathrm{V} & (V_a > 0.7\,\mathrm{V}) \end{cases}$

問 2. $V_C = 3\,\mathrm{V}$，$I_C = 2\,\mathrm{mA}$。トランジスタはアクティブ領域にある。

問 3. $I_E = 3\,\mathrm{mA}$，$I_C = 2\,\mathrm{mA}$ および $I_B = 1\,\mathrm{mA}$。トランジスタは飽和領域にある。

問 4. アクティブ領域では $I_E = I_C = I$ であるが，このとき $V_E = I \times 3$ および $V_C = 8 - I$ が成り立つ（I の単位は mA，V_E および V_C の単位は V）。**解図 2.1** 参照。

問 5. **解図 2.2** 参照。

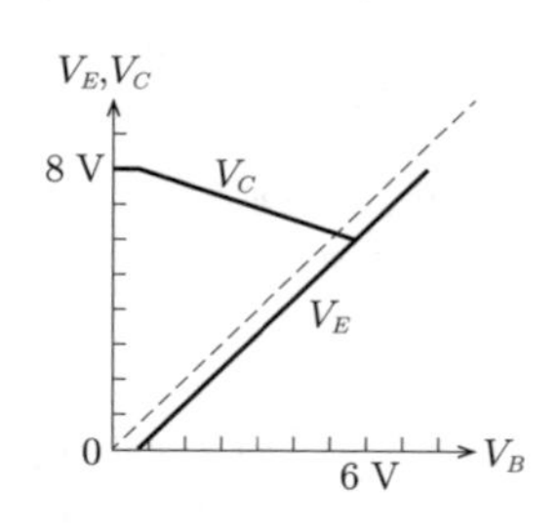

解図 2.1　V_C および V_E（横軸 V_B）

解図 2.2　I_C および I_B（横軸 V_B）

問 6. $\dfrac{(10-0.7)\,\mathrm{V}}{10\,\mathrm{k\Omega}} = 0.93\,\mathrm{mA}$

問 7. $V_E = (1.2 \pm 0.1) - 0.7 = 0.5 \pm 0.1\,\mathrm{V}$。$V_C = 5\,\mathrm{V} - \dfrac{0.5 \pm 0.1\,\mathrm{V}}{1\,\mathrm{k\Omega}} \times 3\,\mathrm{k\Omega} = 3.5 \mp 0.3\,\mathrm{V}$。

問 8. V_B が 0.7 V 以下になるとトランジスタはカットオフとなり，コレクタ電流が流れなくなる。このときエミッタ電圧は 0 V，コレクタ電圧は電源電圧に一致する。コレクタ電流 I_C が $R_E I_C = V_{CC} - R_C I_C$ を満たすと，$V_E = V_C$ となる。この電流は $I_C = 1.25\,\mathrm{mA}$ と求まる。これらより入力ダイナミックレンジは $[0.7, 1.95]\,\mathrm{V}$，出力ダイナミックレンジは $[1.25, 5]\,\mathrm{V}$ となる。

問 9. $I_C \simeq I_0 \exp(\dfrac{V_{BE}}{V_0})$ を $\log(\dfrac{I_C(1)}{I_C(2)}) = \dfrac{V_{BE}(1) - V_{BE}(2)}{V_0}$ と変形する。(1) および (2) は適当に選んだ測定点である。例えば (1) を $T_a = 10°\mathrm{C}$ の左下の点，(2) を右上から 2 番目の点と選ぼう。そうすると図の値を読み取り $\log(0.01/1) \sim \dfrac{0.52 - 0.63}{V_0}$ となる。これより $V_0 \simeq 24\,\mathrm{mV}$ と，25 mV に近い値を得る。

問 10. 温度上昇に伴いエミッタとベース間電圧は $\Delta V_{BE} = -42$ mV だけ変化する。ベース電圧は一定であるので，これはエミッタ電圧の上昇を意味する。コレクタ電流の増加分は $\Delta I_C = 42\,\mu\mathrm{A}$。したがってコレクタ電圧は $\Delta V_C = -126$ mV だけ変化する（低くなる）。

問 11. 電圧フォロワの入力インピーダンスは $R_X = (R_L \mathbin{/\!/} 50\,\Omega) \times h_{fe} \simeq 5\,\mathrm{k\Omega}$。式 (2.4) に代入し $G = \dfrac{R_X}{R_X + R_C}\dfrac{R_C}{R_E} = 2.5$ を得る。

問 12. 図中に記された電流や電圧を用いる。エミッタ電圧は $v_e = (i_e + i_{in})R_E$ と与えられる。一方エミッタ抵抗 r_e の定義から $v_b - v_e = -v_e = i_e r_e$ を得る（$v_b = 0$ に注意）。これらより $\dfrac{1}{Z_{in}} = \dfrac{i_{in}}{v_e} = \dfrac{i_{in} + i_e - i_e}{v_e} = \dfrac{1}{R_E} + \dfrac{1}{r_e}$ を得る。通常は $R_E \gg r_e$ が成り立つので，エミッタ抵抗 r_e が主要項となる。

問 13. $v_b = -R_S i_{in} = R_{12}(i_{in} - i_b)$ より $-\dfrac{i_b}{v_b} = \dfrac{1}{R_S} + \dfrac{1}{R_{12}}$ を得る。式（2.9）を組み合わせ $v_e = v_b - r_e i_e = -(R_{12} /\!/ R_S) i_b - r_e i_e \simeq -\left(\dfrac{R_{12} /\!/ R_S}{h_{fe}} + r_e\right) i_c$ が得られる。これより式（2.14）は

$$v_c = i_c R_A + v_e = i_c \left\{ R_A - \left(\frac{R_{12} /\!/ R_S}{h_{fe}} + r_e \right) \right\}$$

となる。右辺の $\{\cdots\}$ 内第 2 項は通常 $R_A \simeq 100\,\mathrm{k\Omega}$ に比べて非常に小さい。

3 章

問 1. **解図 3.1** 参照。中心付近でのグラフの傾きは，図 3.2（a）の半分である。

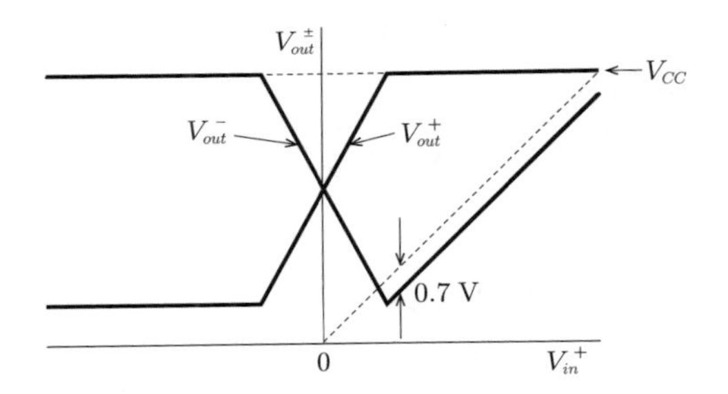

解図 3.1　V_{in}^{-} を接地して V_{in}^{+} の電圧を変化させたときの出力電圧 V_{out}^{+} と V_{out}^{-} の反応

問 2. **解図 3.2** に示した電流ミラーで，出力端子の電圧（=コレクタ電圧 V_C）を増加させたと仮定する。回路の左半分は変化しないので，ベース電圧 V_B は一定である。アーリー効果によって右側のトランジスタのエミッタ電流 I_E が増加することが予想されるが，その結果抵抗 R_E での電圧降下が増加するのでエミッタ電圧 V_E は上昇する。そうするとベース・エミッタ間電圧 $V_B - V_E$ が減少するので，I_E は減少する。これは抵抗 R_E によって I_E に負帰還がかかっているとみなすことができ，出力電流を安定化するように働く。

問 3. ウィルソンミラーの場合と同様に，4 個のトランジスタのベース電流が等しいと仮定して各トランジスタに流れる電流を追跡すれば，I_{set} と I_{out} が等しいことがわかる。

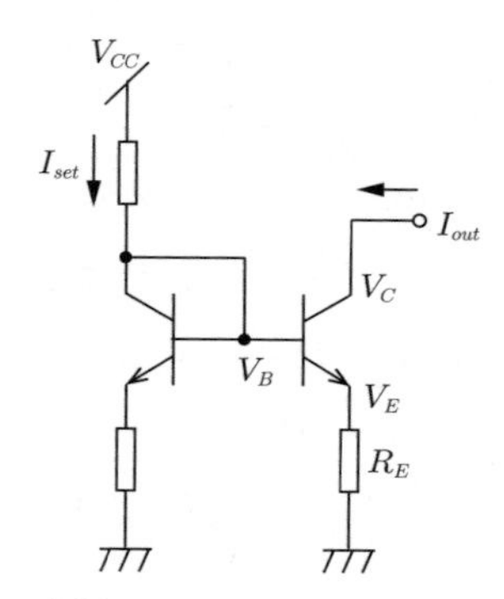

解図 3.2　電流ミラーによるアーリー効果の抑制

4 章

問 1. 仮想短絡の考え方を図 4.2 に適用すると，オペアンプの非反転入力 V_+ と反転入力 V_- の電圧が等しく，$V_+ = V_- = V_{in}$ となる。抵抗 R_1 と R_2 を流れる電流は等しい（オペアンプの入力には電流が流れない）ので，V_- と V_{out} の比は R_1 と $R_1 + R_2$ の比に等しく，

$$V_{out} = V_- \frac{R_1 + R_2}{R_1} = V_{in} \frac{R_1 + R_2}{R_1}$$

が得られる。

問 2. 解図 **4.1** 参照。Q_1，Q_2，Q_4，Q_5 にそれぞれ 1 mA のバイアス電流を流すためには Q_1 の上，Q_2 の上，Q_3 の下の三つの抵抗に 2 mA ずつ流す必要がある。Q_3 のベース電圧が -3.5 V で Q_4 と Q_5 のベース電圧が $+3.5$ V なので，これらの抵抗には 0.8 V の電圧がかかっており，抵抗値が 400 Ω に決まる。Q_8 は Q_3 と電流ミラーになっているので対称にするために 400 Ω をつけて 2 mA 流す。これによって Q_8 の上の抵抗ラダーが 750 Ω と 3.5 kΩ に決まる。Q_6 と Q_7 の下の抵抗は同じ値であれば何でもよいのだが，ここでは 800 Ω に選ぶことによって Q_6 と Q_7 のベース電圧を -3.5 V に設定した。こうすれば出力のダイナミックレンジは ±4.2 V で正負対称になる。Q_9 の上と Q_{10} の下の抵抗は出力が 0 V のときにトランジスタに 1 mA 流れるように 4.3 kΩ にとる。出力の前の抵抗は Q_{11} と Q_{12} の熱暴走を防止するために必要で，10 Ω 程度でよい。

実際にこの回路を組む場合，抵抗値を標準の E24 系列から選ぶ必要があるならば，400 Ω → 390 Ω，800 Ω → 820 Ω，3.5 kΩ → 3.6 kΩ，4.3 kΩ → 4.2 kΩ と置き換えるとよい。

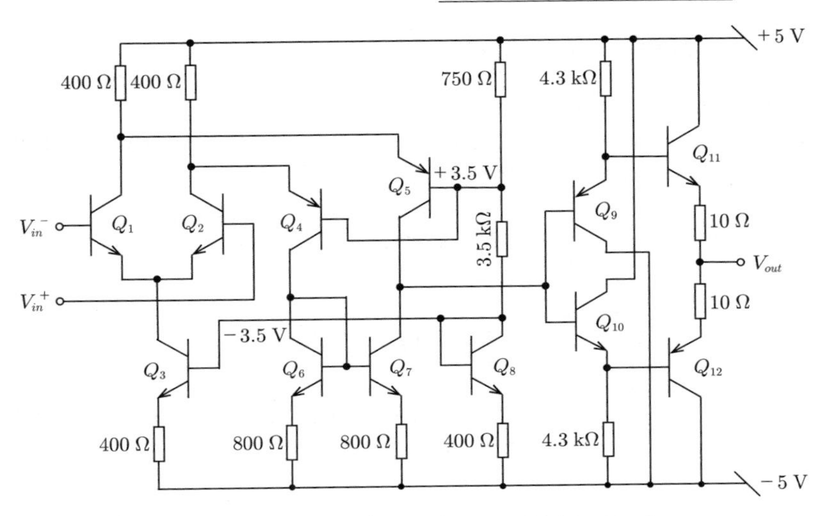

解図 4.1　差動入力高オープンループゲインアンプ

5 章

問 1. ボルツマン定数 k_B は 1.38×10^{-23} J/K であるので，k_BT はエネルギーの次元をもつ。電圧と電流の積が電力であることを思い出せば

$$\text{エネルギー} = \text{電力} \times \text{時間} = \frac{\text{電圧} \times \text{電流}}{\text{周波数}}$$

であることがわかる。したがって抵抗 R の熱雑音の 2 乗平均雑音電圧密度 $\langle {e_n}^2 \rangle = 4k_BTR$ の次元は

$$\frac{\text{電圧} \times \text{電流}}{\text{周波数}} \times \text{抵抗} = \frac{\text{電圧}^2}{\text{周波数}}$$

となり，2 乗平均雑音電流密度 $\langle i_n^2 \rangle = 4k_BT/R$ の次元は

$$\frac{\text{電圧} \times \text{電流}}{\text{周波数} \times \text{抵抗}} = \frac{\text{電流}^2}{\text{周波数}}$$

となる。

問 2. 1 kΩ の抵抗に発生する熱雑音の 2 乗平均雑音電圧密度が

$$\begin{aligned} 4k_BTR &= 4 \times 1.38 \times 10^{-23}\,\mathrm{J/K} \times 300\,\mathrm{K} \times 10^3\,\Omega \\ &= 1.656 \times 10^{-17}\,\mathrm{V^2/Hz} \end{aligned}$$

であるので，これに 1 GHz の帯域幅をかけて平方根をとれば

$$\sqrt{1.656 \times 10^{-17}\,\mathrm{V^2/Hz} \times 10^9\,\mathrm{Hz}} = 1.29 \times 10^{-4}\,\mathrm{V}$$

すなわち，0.129 mV が得られる。

問 3. カスプ波形の重み関数は $W_{cusp}(t) = e^{-|t|/\tau}$ と表され，その FWHM は $T = \tau \times 2\log 2$ である。その積分は

$$\int_{-\infty}^{\infty} W_{cusp}(t)^2 dt = \tau = \frac{T}{2\log 2}$$

と

$$\int_{-\infty}^{\infty} W'_{cusp}(t)^2 dt = \frac{1}{\tau} = \frac{2\log 2}{T}$$

となる。三角波の重み関数は $-T < t < T$ の範囲で $W_{triangle}(t) = 1 - |t|/T$ と表され，その FWHM は T である。その積分は

$$\int_{-\infty}^{\infty} W_{triangle}(t)^2 dt = \frac{2}{3}T$$

と

$$\int_{-\infty}^{\infty} W'_{triangle}(t)^2 dt = \frac{2}{T}$$

となる。ガウス波形の重み関数は $W_{Gauss}(t) = e^{-t^2/2\sigma^2}$ と表され，その FWHM は $T = \sqrt{8\log 2}\sigma$ である。その積分は

$$\int_{-\infty}^{\infty} W_{Gauss}(t)^2 dt = \sqrt{\pi}\sigma = \sqrt{\frac{\pi}{8\log 2}}T$$

と

$$\int_{-\infty}^{\infty} W'_{Gauss}(t)^2 dt = \frac{\sqrt{\pi}}{2\sigma} = \frac{\sqrt{2\pi\log 2}}{T}$$

となる。それぞれの関数について二つの積分の積をとると，カスプ波形が 1，三角波が $4/3 \simeq 1.33$，ガウス波形が $\pi/2 \simeq 1.57$ となる。

問 4. ENC が最小になる時定数は，$\mathrm{ENC}_p^2 = \mathrm{ENC}_s^2$ を解くことによって得られる。$C_D = 1\,000\,\mathrm{pF}$ を仮定すると，BJT アンプの場合 $\tau_m = 1.04\,\mu\mathrm{s}$ で 6 930 等価電子が最小となり，JFET アンプの場合 $\tau_m = 442\,\mu\mathrm{s}$ で 430 等価電子が最小となる。

問 5. $C_D = 1\,000\,\mathrm{pF}$ かつ $\tau_m \leq 100\,\mathrm{ns}$ の場合，BJT アンプの ENC は 15 900 等価電子，JFET アンプの ENC は 20 200 等価電子となるので，BJT アンプのほうが有利である。

問 6. 時定数 τ の n 次のポアソン関数波形を

$$P_n(t/\tau) \equiv \frac{1}{\tau}\frac{(t/\tau)^n}{n!}e^{-t/\tau}$$

と定義しよう。このフーリエ変換は（$P_n(t/\tau)$ の定義域が $t \geq 0$ であることに注意して）

$$\mathcal{F}(P_n(t/\tau)) \equiv \int_0^\infty P_n(t/\tau)e^{-j\omega t}dt = \int_0^\infty \frac{1}{\tau}\frac{(t/\tau)^n}{n!}e^{-(1/\tau+j\omega)t}dt$$

で与えられる。まず $n=0$ の場合を計算すると

$$\mathcal{F}(P_0(t/\tau)) = \int_0^\infty \frac{1}{\tau}e^{-(1/\tau+j\omega)t}dt = \left[\frac{1}{\tau}\frac{1}{-(1/\tau+j\omega)}e^{-(1/\tau+j\omega)t}\right]_0^\infty$$

となり，$\tau > 0$ であることを考慮すれば $t \to \infty$ の極限は 0 であるので

$$\mathcal{F}(P_0(t/\tau)) = \frac{1}{1+j\omega\tau}$$

が得られる。つぎに $n \geq 1$ の場合には部分積分を用いて

$$\mathcal{F}(P_n(t/\tau)) = \left[\frac{1}{\tau}\frac{(t/\tau)^n}{n!}\frac{1}{-(1/\tau+j\omega)}e^{-(1/\tau+j\omega)t}\right]_0^\infty - \int_0^\infty \frac{1}{\tau}\frac{n}{\tau}\frac{(t/\tau)^{n-1}}{n!}\frac{1}{-(1/\tau+j\omega)}e^{-(1/\tau+j\omega)t}dt$$

となるが，第 1 項は 0 に等しく，第 2 項を整理すると

$$\mathcal{F}(P_n(t/\tau)) = \frac{1}{1+j\omega\tau}\int_0^\infty \frac{1}{\tau}\frac{(t/\tau)^{n-1}}{(n-1)!}e^{-(1/\tau+j\omega)t}dt = \frac{1}{1+j\omega\tau}\mathcal{F}(P_{n-1}(t/\tau))$$

が得られる。すなわち $P_n(t/\tau)$ のフーリエ変換は $P_{n-1}(t/\tau)$ のフーリエ変換の $\dfrac{1}{1+j\omega\tau}$ 倍である。以上から帰納法により

$$\int_0^\infty P_n(t/\tau)e^{-j\omega t}dt = \frac{1}{(1+j\omega\tau)^{n+1}}$$

であることがわかる。

6 章

問 1. 図 6.9 で可変抵抗 R_V の可動端子を一番上にセットした状態を考える。回路の入力 V_{in} とオペアンプの反転入力 V_- の間の C，R_1，R_2 の総インピーダンスは

$$Z = \left(\frac{1}{1/j\omega C + R_2} + \frac{1}{R_1}\right)^{-1} = \frac{R_1(1+j\omega CR_2)}{1+j\omega C(R_1+R_2)}$$

である。仮想接地によって $V_- = 0\,\mathrm{V}$ となるので，回路の入力から Z を通って

右に流れる電流は V_{in}/Z であり，これが帰還抵抗 R_f を右に流れるので，出力電圧 V_{out} は

$$V_{out} = -\frac{V_{in}}{Z} \times R_f = -\frac{R_f(1 + j\omega C(R_1 + R_2))}{R_1(1 + j\omega CR_2)}$$

となる。これが式（6.5）の伝達関数を与える。

問 2. 入力電圧を V_{in}，出力電圧を V_{out}，C_1 を出力に向かって流れる電流を I_1，R_2 と C_2 を通ってグランドに流れる電流を I_2 と定義する。V_{out} は 1 倍アンプによって R_2 の右側の電圧に等しくなるので，C_1 の両端の間の電圧が，R_2 の両端の間の電圧に等しい。すなわち

$$\frac{I_1}{j\omega C_1} = I_2 R_2$$

なので，I_1 と I_2 の関係が

$$I_1 = j\omega R_2 C_1 I_2$$

と与えられる。V_{in} と V_{out} を I_1 と I_2 を用いて表すと

$$V_{in} = (I_1 + I_2)R_1 + I_2\left(R_2 + \frac{1}{j\omega C_2}\right)$$

$$V_{out} = \frac{I_2}{j\omega C_2}$$

となるので，I_1 を $j\omega R_2 C_1 I_2$ で置き換えて比をとると伝達関数 $T(\omega) = \dfrac{V_{out}}{V_{in}}$ が

$$T(\omega) = \frac{\dfrac{1}{j\omega C_2}}{(j\omega R_2 C_1 + 1)R_1 + R_2 + \dfrac{1}{j\omega C_2}} = \frac{1}{1 + j\omega C_2(R_1 + R_2) - \omega^2 R_1 R_2 C_1 C_2}$$

と得られる。

V_{out} が 1 倍アンプの働きによって R_2 の右側の電圧に等しいことを，R_2 の右側が V_{out} に電気的につながっていると勘違いしがちであるので注意されたい。1 倍アンプの入力は高インピータンスで，R_2 と C_2 に流れる電流はどちらも I_2 である。

付録

問 1. $\sin\omega t = \dfrac{1}{2j}(e^{j\omega t} - e^{-j\omega t})$ や $\cosh\omega t = \dfrac{1}{2}(e^{\omega t} - e^{-\omega t})$ を用いると，おのおの

$$\mathcal{L}[\sin\omega t] = \frac{1}{2j}\left(\frac{1}{s-j\omega} - \frac{1}{s+j\omega}\right) = \frac{\omega}{s^2+\omega^2}$$
$$\mathcal{L}[\cosh\omega t] = \frac{1}{2}\left(\frac{1}{s-\omega} + \frac{1}{s+\omega}\right) = \frac{s}{s^2-\omega^2}$$

が得られる。定義域は前者が $\Re(s) > 0$，後者が $\Re(s) > |\omega|$。

問 2. 数学的帰納法を用いる。$n = k$ で与式が成立すると仮定すると

$$\begin{aligned}\mathcal{L}[t^{k+1}e^{-at}] &= \int_0^\infty t^{k+1}e^{-(s+a)t}dt \\ &= \left[\frac{t^{k+1}}{-(s+a)}e^{-(s+a)t}\right]_0^\infty + \frac{(k+1)}{s+a}\int_0^\infty t^k e^{-(s+a)t}dt \\ &= \frac{(k+1)!}{(s+a)^{k+2}}\end{aligned}$$

となり，$n = k+1$ でも与式は成立する。

問 3. $\sin\omega t$ および $\cosh\omega t$ のラプラス変換に対し，$s \to s+a$ の置き換えを行う。

$$\mathcal{L}\left[e^{-at}\sin\omega t\right] = \frac{\omega}{(s+a)^2+\omega^2}$$
$$\mathcal{L}\left[e^{-at}\cosh\omega t\right] = \frac{s+a}{(s+a)^2-\omega^2}$$

問 4. まず，$p(t)$ のうち $[0,\tau]$ 部分を切り取った関数を $p_0(t)$ とする（$[0,\tau]$ 以外では $p_0(t) = 0$）。$p_0(t)$ を用いると $p(t)$ は $p(t) = \displaystyle\sum_{n=0}^{\infty} p_0(t-n\tau)$ と表すことができる。これを用いると以下の式に到達する。

$$\mathcal{L}[p(t)] = \sum_{n=0}^{\infty}\mathcal{L}[p_0(t-n\tau)] = \sum_{n=0}^{\infty}e^{-sn\tau}\mathcal{L}[p_0(t)] = \frac{1}{1-e^{-s\tau}}\int_0^\tau e^{-st}p(t)dt$$

問 5. $\mathcal{L}\left[\dfrac{d^2f}{dt^2}\right] = \left[e^{-st}\dfrac{df}{dt}\right]_0^\infty + s\displaystyle\int_0^\infty e^{-st}\dfrac{df}{dt}dt = s^2\widehat{f}(s) - sf(0) - \dfrac{df(0)}{dt}$

問 6. $|\sin\omega t|$ は周期 $\tau = \pi/\omega$ の周期関数である。また $\displaystyle\int_0^\tau e^{-st}\sin\omega t dt = \dfrac{\omega(1+e^{-s\tau})}{s^2+\omega^2}$。式（A.21）に上式を代入すると $\mathcal{L}[|\sin\omega t|] = \dfrac{\omega}{s^2+\omega^2}\dfrac{1+e^{-s\tau}}{1-e^{-s\tau}}$ が得られる。これより，$1 \pm e^{-s\tau} = e^{-\frac{s\tau}{2}}(e^{\frac{s\tau}{2}} \pm e^{-\frac{s\tau}{2}})$ と変形すれば与式が得られる。

問 7. $\omega_0 < \gamma$ の場合には，$\widehat{I}(s)$ を

$$\widehat{I}(s) = \frac{V_0}{L\widetilde{\gamma}}\frac{\widetilde{\gamma}}{(s+\gamma)^2-\widetilde{\gamma}^2}, \quad \widetilde{\gamma}^2 = \gamma^2 - {\omega_0}^2$$

と変形する。この逆変換は，$I(t)=\dfrac{V_0}{L\widetilde{\gamma}}e^{-\gamma t}\sinh\widetilde{\gamma}t$ と与えられる。$I(t)$ は，$t \ll \dfrac{1}{\gamma}$，$\dfrac{1}{\widetilde{\gamma}}$ の領域では $\sinh\widetilde{\gamma}t$ に支配され，$\widetilde{\gamma}t$ に比例する。逆に $t \gg \dfrac{1}{\gamma}$，$\dfrac{1}{\widetilde{\gamma}}$ の領域では $e^{-(\gamma-\widetilde{\gamma})t}$ に支配されるので，$e^{-\frac{\omega_0^2}{\gamma+\widetilde{\gamma}}t}$ で減衰する。

問 8. 式（A.42）の両辺に $(s-p_i)$ をかけると，

$$(s-p_i)\widehat{X}(s)=A_1\frac{s-p_i}{s-p_1}+\cdots+A_i+\cdots+A_n\frac{s-p_i}{s-p_n} \tag{1}$$

となる。重根は存在しないとの仮定のもとでは，$s\to p_i$ の極限をとれば A_i が得られる。

問 9. $f(t)$ のラプラス変換が $\widehat{f}(s)$ となることを示す。$g(t)=e^{-at}$ とすると，$f(t)$ は $f(t)=\dfrac{(-1)^n}{n!}\dfrac{d^n g(t)}{da^n}$ と表される。したがって

$$\widehat{f}(s)=\frac{(-1)^n}{n!}\frac{d^n\widehat{g}(s)}{da^n}=\frac{1}{(s+a)^{n+1}}$$

問 10. (1) $\dfrac{1}{2}e^{-t}-e^{-2t}+\dfrac{1}{2}e^{-3t}$　　(2) $u(t)-e^{-t}-te^{-t}$

(3) $u(t)-\cos t$　　　ただし $u(t)$ はステップ関数（式（A.2））。

問 11. (1) $\dfrac{1}{s^4-1}=\dfrac{1}{2}\left(\dfrac{1}{s^2-1}-\dfrac{1}{s^2+1}\right)$ より $\dfrac{1}{2}(\sinh t-\sin t)$。

(2) $\dfrac{1}{s^3+1}=\dfrac{1}{3}\left(\dfrac{1}{s-1}-\dfrac{s-2}{s^2-s+1}\right)=\dfrac{1}{3}\left(\dfrac{1}{s-1}-\dfrac{(s-\frac{1}{2})-\frac{3}{2}}{(s-\frac{1}{2})^2+\frac{3}{4}}\right)$

より $\dfrac{1}{3}\left(e^{-t}-e^{t/2}\cos\dfrac{\sqrt{3}t}{2}+\sqrt{3}e^{t/2}\sin\dfrac{\sqrt{3}t}{2}\right)$

極の位置については**解図付.1** 参照。

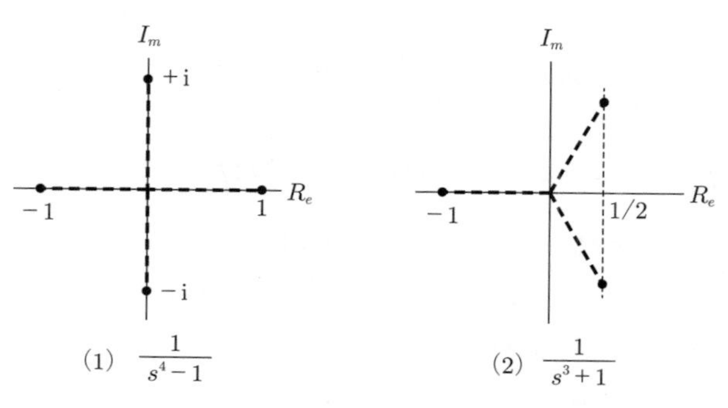

解図付.1　複素平面 s における極の位置

問 12. 与えられた微分方程式をラプラス変換し，$s^2\hat{x}(s) + {\omega_0}^2\hat{x}(s) = \dfrac{1}{s+a}$ を得る。$\hat{x}(s) = \dfrac{1}{s^2+\omega_0^2}\dfrac{1}{s+a} = \dfrac{1}{a^2+\omega_0^2}\left(-\dfrac{s}{s^2+\omega_0^2} + \dfrac{a}{s^2+\omega_0^2} + \dfrac{1}{s+a}\right)$ より

$x(t) = \dfrac{1}{a^2+\omega_0^2}\left(\dfrac{a}{\omega_0}\sin\omega_0 t - \cos\omega_0 t + e^{-at}\right)$

索　　引

—— 著 者 略 歴 ——

谷口　敬（たにぐち　たかし）
1976年　広島大学理学部物理学科卒業
1980年　広島大学大学院理学研究科博士前期課程修了（物理学専攻）
1983年　東京大学大学院理学系研究科博士後期課程修了（物理学専攻）
　　　　理学博士
1983年　高エネルギー物理学研究所助手
2010年　岡山大学極限量子研究コア准教授
2011年　逝去

笹尾　登（ささお　のぼる）
1971年　東京大学理学部地球物理学科学科卒業
1973年　東京大学大学院理学系研究科博士前期課程修了（物理学専攻）
1976年　イェール大学大学院修了（物理学専攻），Ph.D.
1978年　京都大学理学部助手
1990年　京都大学理学部講師
1992年　京都大学理学部教授
2009年　岡山大学極限量子研究コア教授
2016年　岡山大学異分野基礎科学研究所特任教授
　　　　現在に至る

森井政宏（もりい　まさひろ）
1986年　京都大学理学部物理学科卒業
1988年　京都大学大学院理学研究科博士前期課程修了（物理学専攻）
1992年　京都大学大学院理学研究科博士後期課程　単位取得後退学
1992年　東京大学理学部付属素粒子物理国際センター助手
1994年　博士（理学）（東京大学）
1996年　スタンフォード大学線形加速器センター研究員
2000年　ハーバード大学助教授
2004年　ハーバード大学准教授
2007年　ハーバード大学教授
　　　　現在に至る

物理実験のためのアナログ回路入門
Introduction to analog electronics for experimental physics

2022 年 3 月 18 日　初版第 1 刷発行 ★

検印省略

著　者	谷　口　　敬
	笹　尾　　登
	森　井　政　宏
発 行 者	株式会社　コ ロ ナ 社
	代 表 者　牛 来 真 也
印 刷 所	三 美 印 刷 株 式 会 社
製 本 所	有限会社　愛 千 製 本 所

112–0011　東京都文京区千石 4–46–10
発 行 所　株式会社　**コ ロ ナ 社**
CORONA PUBLISHING CO., LTD.
Tokyo Japan
振替 00140–8–14844・電話(03)3941–3131(代)
ホームページ　https://www.coronasha.co.jp

ISBN 978–4–339–00982–8　C3055　Printed in Japan　（柏原）